Untersuchungen

aus dem

forstbotanischen Institut

zu

München.

Herausgegeben

von

Dr. Robert Hartig,
Professor an der Universität München.

III.

Mit 11 lithographirten Tafeln und 13 Holzschnitten.

Springer-Verlag
Berlin Heidelberg GmbH

1883.

Additional material to this book can be downloaded from http://extras.springer.com

ISBN 978-3-662-35471-1 ISBN 978-3-662-36299-0 (eBook)
DOI 10.1007/978-3-662-36299-0

Softcover reprint of the hardcover 1st edition 1883

Inhaltsübersicht.

Ueber den Parasitismus von Nectria cinnabarina.

Tafel I.

Von **Dr. Heinrich Mayr,**
Assistent am forstbotan. Institut.

Dem heutigen Standpunkte der Forschung auf phyto-pathologischem Gebiete entsprechend steht unzweifelhaft fest, dass die Mehrzahl der Krankheitserscheinungen in oder an lebenden Pflanzen durch die Entwicklung jener niederen, pflanzlichen Organismen bedingt werden, die im Stande sind Mycel zu bilden, d. h. ihre Nahrung der Wirthspflanze mittels fadenförmiger Stränge zu entziehen. Diese gemeinhin Pilze genannten Organismen bezeichnet man in den Fällen, in welchen sie als erste Erreger einer Krankheitsform auftreten, als parasitäre Pilze; ihnen stehen jene gegenüber, die als Förderer der Zersetzungsprozesse am Pflanzenkörper sich finden, wir nennen sie Saprophyten.

Einerseits des grösseren biologischen Interesses, andererseits des oft sehr bedeutenden Schadens wegen, den die parasitären Pilze unter unseren Kulturgewächsen anrichten, wendet sich die Forschung gerne den Parasiten unter den Pilzen zuerst zu und wir besitzen bereits eine stattliche Reihe von Untersuchungen über Schmarotzerpilze an forstlichen und landwirthschaftlichen Gewächsen; neben dem durch diese wissenschaftlichen Untersuchungen gewonnenen Einblicke in das Leben dieser interessanten Pilzgruppe ergaben sich auch praktische Resultate, die den um das Wohl und Wehe ihrer Pfleglinge und die Grösse ihrer finanziellen Einnahme besorgten Forst- und Landwirthen zu Gute kamen; denn es zeigte sich auch hier, wie auf dem Gebiete der ärztlichen Thätigkeit, dass jede Massregel gegen eine Krankheit, sei sie prophylaktischer oder therapeutischer Natur, ein auf gut Glück gemachter Versuch bleibt, solange nicht die Krankheitsursache erkannt und die biologische Entwicklungsreihe derselben völlig klar gelegt ist.

Aus den bis jetzt erschienenen Abhandlungen über Krankheitserscheinungen an forstlich wichtigen Pflanzengattungen*) ergiebt sich nun, dass an der Zer-

*) Dr. R. Hartig: Wichtige Krankheiten der Waldbäume, Berlin 1874, Springer. — Dr. R. Hartig: Die Zersetzungserscheinungen des Holzes der Nadelholzbäume und der Eiche, Berlin 1878, Springer. — Dr. R. Hartig: Untersuchungen aus dem forstbotanischen Institut zu München, I. Berlin 1880, Springer. — Derselbe: Lehrbuch der Baumkrankheiten. Berlin 1882, Springer.

störung des Holzkörpers sich vorzugsweise jene Pilze als Parasiten betheiligen, deren Früchte gemeinhin als „Holz-Schwämme" bezeichnet werden; sie sind wissenschaftlich als Hymenomycetes, d. h. als solche Pilze charakterisirt, deren Früchte ein Hymenium besitzen; unter diesem Hymenium aber verstehen wir eine meist die Unterseite der Pilzfrüchte bekleidende Schichte von angeschwollenen Mycelendigungen, an welchen auf Fortsätzen, Sterigmen, die Fortpflanzungssporen gebildet werden. Die Krankheiten der Blätter und des Rindekörpers (unter diesem Rinde mit Basttheil verstanden) dagegen erregen Pilze, die drei verschiedenen Klassen zugerechnet werden: nämlich die Peronosporeae, oder jene Pilze, deren Sporen meist im Innern der Pflanzengewebe durch einen Sexualakt gebildete Eisporen sind; die Aecidiomycetes, Pilze, die in schüsselförmigen Früchten reihenweise ihre Fortpflanzungssporen abschnüren; und die Ascomycetes, dadurch ausgezeichnet, dass die Sporen in Schläuchen, Ascis, entstehen.

Die auf den folgenden Zeilen näher beschriebene Nectria cinnabarina ist nun insoferne interessant, als sie einerseits ihrer Sporenbildung nach den Ascomyceten zugezählt werden muss, andererseits ihr Mycel im Holzkörper vegetirt und Krankheitserscheinungen an demselben hervorruft. Dazu kommt noch die biologisch interessante Thatsache, dass die Nectria cinnabarina, wie vielleicht noch einige andere Nectrien, Parasit und Saprophyt sein kann; es ist diess nicht der erste bekannte Fall dieser Art, indem Professor Hartig bereits für Agaricus melleus, Trametes radiciperda, Nectria Cucurbitula und Cercospora acerina dasselbe nachgewiesen hat.

Ehe ich die spezielle Beschreibung der Nectria cinnabarina beginne, möchte ich noch mit wenigen Worten die allgemeinen Merkmale der Nectrien kennzeichnen. Ihre Früchte (Fig. 24 *d*) sind kugelig, roth oder schwarz gefärbt, mit einer Mündung versehen; sie sitzen in grösserer Zahl auf einem zu einem Scheinparenchym vereinigten Mycelium, Stroma genannt (Fig. 25); im Innern der kugeligen Früchte entstehen in Schläuchen durch freie Zellbildung je 8 Ascosporen (Fig. 26 *d*); ausser diesen Fortpflanzungssporen besitzen die Nectrien noch eine Sporenform, die Brutzellen oder Conidien (Fig. 22 *b*, Fig. 24 *c*), die bestimmt sind innerhalb einer Vegetationsperiode die Krankheit zu verbreiten; diese gehen der Bildung der Kugelfrüchte, der Perithecien, stets voraus. —

Die nun von mir eingehender untersuchte Nectria cinnabarina ist wohl von allen Kernpilzen am Allgemeinsten auch unter Laien bekannt; wer in Gärten, Parken und Wäldern lustwandelt und dabei ein allezeit offenes Auge für die Mannigfaltigkeiten der Natur in der Pflanzenwelt sich gewahrt hat, kennt diesen Pilz, auch wenn er den Namen desselben nicht weiss; jeder Forstmann begegnet ihm täglich, wenn er in seinen Laubholzbeständen den zu Boden liegenden Zweigen, die besonders nach längerem Regenwetter dicht mit zinnoberrothen Pünktchen bedeckt sind, einige Beachtung schenkt. Fast immer sind es die Conidienpolster der fraglichen Nectria, die an allen Ästen und Zweigen bis in die feinsten Spitzen hervorbrechen. In den meisten derartigen Fällen ist unsere Nectria entschieden Saprophyt. Ihre Sporen reifen im Herbste und gerade diese Jahreszeit ist es, in welcher heftige Stürme die im Laufe des Sommers vertrockneten Zweige von den Bäumen schütteln; da überdiess durch lange andauernde Herbstregen, sowie durch ständige Durchfeuchtung der auf der Erde liegenden Zweige den Pilzsporen für das Anfliegen und Keimen, dem Mycel für das Wachsthum und Fruktificiren alle Bedingungen geboten sind, so erklärt sich hieraus zur Genüge die alljährliche und massenhafte Ausbreitung dieses Pilzes.

Aufmerksamen Beobachtern jedoch entgingen nicht manche Anzeichen, die vermuthen liessen, gelegentlich könne aus dem so harmlosen Bewohner todten Holzes ein recht unangenehmer Schmarotzer lebender Pflanzen werden und ich verdanke in dieser Richtung Herrn Prof. Dr. Hartig Notizen über ein massenhaftes Absterben von Ahornpflanzen sowohl exotischer als inländischer Arten im Forstgarten zu Neustadt-Eberswalde; an den todten Pflanzen kamen nach einiger Zeit die Sporenpolster der Nectria cinnabarina in grosser Menge zum Vorschein. Von schätzenswerther Hand erhielt ich ferner Nachricht von Rosskastanienpflanzungen an verschiedenen Orten; die meisten hiebei verwendeten Pflanzen gingen jedoch zu Grunde, auf der todten Rinde erschienen zahllose rothe Punkte; zweifelsohne war es auch hier die Nectria cinn., die zwar nur in seltenen Fällen und nur an ganz bestimmten Pflanzen Parasit wird, aber dann ganz überraschend schnell um sich greift und die befallenen Pflanzen tödtet.

In reichlicher Fülle bot mir Material für meine Untersuchungen der hiesige im Jahre 1880 angelegte Institutsgarten; es stehen in diesem zwei ältere Rosskastanienbäume, deren abgestorbene Aststummel und Zweige damals über und über mit den rothen Polstern der Nectria cinn. besät waren. Von hier aus erfolgte zweifelsohne die Infektion der meisten im betreffenden Jahre gepflanzten exotischen und eines grossen Theiles der inländischen Ahornarten; ebenso erkrankte ein Theil der in der Nähe der beiden Bäume verschulten Linden; ausserdem zeigte sich die Nectria cinn. mit den Merkmalen eines Parasiten an in der Nähe befindlichen Ulmen, Spireen und Prunusarten.

Was nun Beginn und Verlauf der Krankheit in ihrer äusseren Erscheinung betrifft, so wähle ich als Beispiel für die weitere Darstellung die in Fig. 1 gezeichnete Pflanze von Acer platanoides. An ihr lässt sich als Ausgangspunkt für die auf natürlichem Wege erfolgte Infektion die Abschnittwunde bei *a* erkennen; hier hatte die im Laufe des Jahres 1880 angeflogene Spore der Nectria cinn. gekeimt; das sich entwickelnde Mycel ging im Holzkörper noch in dem betr. Jahre auf einen Theil des Hauptstammes über, tödtete denselben, indem es ihm die Saftleitungsfähigkeit entzog bis zu den beiden markirten Punkten; auf den darüberliegenden abgestorbenen Rindenpartieen erschienen wahrscheinlich noch im Herbste desselben Jahres die ersten Conidienpolster. Der Zuwachs des Jahres 1881 wurde nun seitwärts nach *b* gedrängt; aber im Spätsommer desselben Jahres hatte das Mycel auch diesen neu gebildeten Holztheil ergriffen und getödtet, wodurch der darüber stehende, beblätterte Pflanzentheil von unten nach oben fortschreitend rasch vertrocknete (*c*); während der milden Monate November und Dezember zeigten sich die ersten Conidienpolster auch bei *b*, während bei *a* bereits die ersten Perithecien hervorbrachen; dieses Bild zeigt etwas vergrössert Fig. 24 *b*, *c*, *d*.

Dieser ganze Krankheitsverlauf spricht schon deutlich für den Parasitismus der Nectria cinnabarina.

An anderen Ahornpflanzen, die äusserlich völlig intakt schienen, begannen im Früh- und Spätsommer, noch ehe der Jahrestrieb ausgebildet war, plötzlich die unteren Blätter zu welken und schlaff herabzuhängen, ähnlich wie bei Fig. 1 *c*, indem der Blattstiel etwas über seiner dicken Basis einknickte (Fig. 2 *c*); an dieser Stelle erscheint zugleich ein dunkler Fleck. Dieses Erschlaffen der Blätter schreitet ausserordentlich rasch fort; in einem beobachteten Falle vertrocknete derart der letzte 1 m lange Jahrestrieb innerhalb weniger Tage; ein Längsschnitt durch einen solchen Trieb lässt im Holzkörper einzelne grüne Streifen erkennen, die Blattspurstränge (Fig. 2 *a*) sowie die beiden Knospenkegel (Fig. 2 *b*) erscheinen dunkel; die grüne Streifung des Holzkörpers liess sich in diesem Falle bis in die Wurzeln verfolgen, an Intensität der Färbung und an Ausdehnung zunehmend, bis sie an einer halbvernarbten Schnittwunde endete (Fig. 3 *a*). Es hatte der Nectria cinn. ein Zeitraum von 2 Jahren genügt, um 3—4 m hohe und 4—5 cm starke Ahornpflanzen, die bei oder nach ihrer Verpflanzung an den verletzten Wurzelenden durch Cinnabaria-Sporen infizirt worden waren, plötzlich im vollsten Zuwachse zu tödten. In den Figuren 4, 5 und 6 habe ich 3 je 1 m von einander entfernte Längsschnitte durch eine Acer platanoides-Pflanze, die unter den eben beschriebenen Symptomen abgestorben war, gezeichnet. Die grün-braune Färbung, eine Wirkung des im Holzkörper lebenden Mycels, ist im letzten Jahresringe am tiefsten und erstreckt sich, schliesslich auf eine schmale Linie reducirt, bis in die obersten Zweigspitzen. Die Figuren 7, 8 und 9 zeigen diese eigenthümliche Färbung des Holzkörpers in den zu Fig. 4, 5 und 6 gehörigen Querschnitten.

Ganz ähnlich zeigt sich der Verlauf der Krankheit an Lindenpflanzen, deren Holzkörper aber eine hellbraune Färbung annimmt.

Um jedoch untrügliche Anhaltspunkte dafür zu gewinnen, dass die Nectria cinnabarina es ist, welche durch ihre Vegetation im Holzkörper der Ahornpflanzen diese eigenthümliche Krankheitserscheinung hervorruft, führte ich zahlreiche Infektionen in der mannigfaltigsten Art aus; denn erst das Gelingen dieses Fundamentalexperimentes entscheidet endgültig die Frage über den Parasitismus eines Pilzes. Ich wählte zu diesem Ende 3—4jährige Pflanzen von Acer, Tilia, Fraxinus, Ulmus, Quercus, Fagus, Aesculus, Pirus, Prunus, Vitis und Ampelopsis; eine Anzahl hievon wurde in Töpfe verpflanzt, die meisten verblieben im Freien in den Beeten, in denen sie erwachsen waren; die Infektionen selbst nahm ich während der Monate Oktober und November vor, die ausnehmend warm und daher für die Pilzkulturen sehr günstig waren; jedesmal jedoch wurde zuvor die Keimfähigkeit der dabei benützten Sporen durch eine Aussaat auf dem Objektträger sorgfaltig geprüft.

Theils brachte ich nun mit der Spitze eines Skalpelles, die in Wasser getaucht wurde, in dem reichlich Conidien der Nectria cinn. suspendirt waren, den Pflanzen einen, Rinde und Holz verletzenden Stich bei, theils legte ich die Wurzeln bloss und verwundete diese auf die angegebene Weise, theils schnitt ich eine Wurzel oder Triebspitze glatt ab und bestrich die Fläche mit Conidien, endlich schnitt ich Holzstückchen in Form eines stumpfen Keiles aus einer kranken Pflanze aus und brachte dieselben in gleich geformte Ausschnitte von gesunden Pflanzen; die Stelle wurde mit Baumwachs verklebt, um sie gegen Vertrocknung zu schützen.

Diese Versuche nun lieferten bei Acer, Tilia und Aesculus günstige Resultate; bei einigen Holzarten blieb der Erfolg zweifelhaft, bei den übrigen dagegen hatten die Conidien zwar kräftig gekeimt, die Keimschläuche waren jedoch in der durch den Stich oder Schnitt verletzten Zelle geblieben, ohne sich weiter zu verbreiten. Figur 11, um aus vielen ein Beispiel zu wählen, zeigt eine solche künstliche Infektion an einer Wurzelabschnittfläche. Die Infektion wurde am 20. Oktober ausgeführt und am 18. Dezember, also bereits nach 8 Wochen zeigten sich die makroskopischen Merkmale der Krankheit in einer auf 1,4 cm von der Schnittfläche aus sich erstreckenden grünen Streifung; dabei blieben Rinden und Basttheil völlig gesund; die gleiche Erscheinung ergab sich bei Infektionen an Astschnittflächen, an tiefen Wunden und bei Mycelinfektionen. Hiemit ist bewiesen, dass die Nectria cinnabarina, indem sie die oben beschriebene Krankheit an Ahornpflanzen erregt, für diese ein ächter Parasit ist; es spricht für den Zusammenhang des Entwicklungsganges der Nectria cinn. mit den Erkrankungserscheinungen an Ahornpflanzen auch noch das Experiment, dass an Ahornzweigen, die von den unter den oben beschriebenen Symptomen erkrankten Pflanzen genommen und in Wasser gestellt wurden, schon nach 4 Tagen das über die Schnittfläche emporwachsende Mycel zahlreiche Conidien abschnürte, wie sie für Nectria cinn. charakteristisch sind (Fig. 22 *b*, 18 *d*); an kranken Lindenzweigen, die am 29. Oktober in den Feuchtraum gebracht wurden, trat am 9. November zwischen den Knospendeckschuppen eine gelblich-braune zähe Flüssigkeit hervor, die aus Conidien bestand, wie sie Fig. 18 *d* zeigt.

Aus alle dem geht hervor, dafs eine Infektion durch Sporen von Nectria cinn. nur möglich ist, wenn durch irgend eine Veranlassung, z. B. Beschneidung der Pflanzen, Verletzung der Wurzeln beim Versetzen u. dergl., der Holzkörper bloss gelegt wird; Versuche die ausgeführt wurden, um zu erkennen, ob es nicht vielleicht der vom Regenwasser in den Boden geführten, keimenden Spore der Nectria cinn. möglich wäre, an den Wurzeln, wo der Rindenkörper nur durch zartes Korkgewebe geschützt ist, einzudringen, führten zu negativem Resultate, indem sich herausstellte, dass die Conidien in der Erde überhaupt nicht keimten; ebenso misslangen alle Versuche, bei denen die Conidien nur in den Rinden- und Bastkörper eingeimpft worden waren.

Als Ausgangspunkt für die Darstellung des Entwicklungsganges des Parasiten wähle ich die keimende Conidie, was um so mehr berechtigt erscheint, da auch die Infektionen in der Natur wohl in den allermeisten Fällen durch Conidien erfolgen. Da die Nectria cinn. auch noch eine mehrkammerige Conidienform zu besitzen scheint, welche Tulasne,*) der der Nectria cinn. eine grosse Tafel seines Prachtwerkes gewidmet hat, unerwähnt lässt, so muss ich in der Folge zur Unterscheidung der beiden Formen die einkammerigen (Fig. 22 *b*) Mikroconidien, die mehrkammerigen dagegen (Fig. 18 *d*) Makroconidien nennen. Die Länge der Mikroconidien, die durch ihre stäbchenförmige Gestalt mit abgerundeten Enden ausgezeichnet sind, schwankt zwischen 3,3 und 13,2 Mikr., ihre gewöhnliche Länge ist 6,6 Mikr., ihre Dicke liegt zwischen 0,8—3,3 Mikr., regelmässig 2,4 Mikr.; im Wasser auf der Objektplatte ausgesät, keimen dieselben, nachdem sie durch Wasseraufnahme ihr Volum vergrössert haben, schon in wenigen Stunden mit 1 bis 2 Schläuchen, wobei ihre zarten Fetttröpfchen verschwinden; das sich entwickelnde Mycel ist deutlich septirt, mit zahlreichen Vacuolen im Innern und bei Nahrungsmangel, wie z. B. bei Kulturversuchen im reinen Wasser, schnürt das Mycel bereits nach 3 Tagen Secundärconidien ab (Fig. 23 *c*); ausserdem entwickeln einige Mikroconidien gar keinen Keimschlauch, sondern die Secundärconidien entspringen direkt auf kurzen Stielchen der ausgesäten Conidie.

Um das Wachsthum des aus der Conidie sich entwickelnden Mycels, nach erfolgter Infektion einer Ahornpflanze eingehender verfolgen zu können, schicke ich eine kurze Notiz über den anatomischen Bau des Ahornholzes voraus. Es ist dasselbe vorzugsweise durch das Fehlen aller dickwandigen Holzfasern, der Sklerenchym- oder Libriformfasern ausgezeichnet, so dass der

*) Tulasne, Selecta Fungorum Carpologia, Tom. III. Tab. XII. Parisiis 1865.

weitaus überwiegende Theil des Holzkörpers nur aus Stärkemehl führenden Holzfaserzellen mit sparsamen, einfachen, spaltenförmigen Tipfeln besteht (Fig. 14 *a*, *b*); gleichmässig zwischen den Faserzellen vertheilt, durchsetzen das Holz weitlumige Gefässe (Fig. 14 *c*) mit gehöften runden oder 6 seitigen Tipfeln; an der Innenwand der Gefässe läuft oftmals eine zarte, spiralige Verdickungsleiste. Die Herbstholzzone, die nur 2—3 englumige Faserzellen umfasst, führt einzelne Tracheiden mit spiraligen Verdickungen; sowohl in Begleitung der primären Gefässe der Markkrone, als auch, wenn auch spärlicher, neben den später gebildeten Gefässen tritt Holzparenchym mit einfach getipfelter Wandung auf (Fig. 15 links von *b*); diesem sogenannten Strangparenchym gleichgebildet ist das Parenchym der Markstrahlen, die in sehr wechselnder Zahl der Zellenlage den Holzkörper quer durchsetzen (Fig. 14 *d*).

Gelangt nun eine keimfähige Spore, eine Mikroconidie der Nectria cinn. an den frischen, blossgelegten Holzkörper, so entwickelt sich ein dünnfädiges, 1,1—2,3 Mikr. dickes, mit deutlichen Öltropfen versehenes Mycel; dasselbe durchbohrt die Wandungen der benachbarten Holzfaserzelle (Fig. 13 *a*), vielleicht auch unter Benutzung der Wandungstipfeln und löst den Zellinhalt, darunter das mit zahlreichen Rissen versehene Stärkmehl (Fig. 13 *b*) auf, indem es demselben seinen Gehalt an Granulose entzieht (Fig. 13 *c*), die zurückbleibende Stärkecellulose zerfällt dabei nach den vorgebildeten Sprüngen des Kornes in einzelne kleine Portionen, die sich schwach gelblich-grün färben; an der weiteren Zersetzung des Zellinhaltes in eine grün-braune Jauche betheiligt sich auch das Mycel selbst (Fig. 13 *d*), so dass die Zelle mit einer später amorph erscheinenden Zersetzungsflüssigkeit erfüllt wird. Bei der Saftleitung werden diese Produkte auch von der Zellwandung mit dem Wasser imbibirt, die durch Einlagerung des grünen Farbstoffes in ihre Micellarräume die Saftleitungsfähigkeit verliert, ein Umstand, der bei dem Absterben der ganzen Pflanze, dem Vertrocknen, eine wichtige Rolle zu spielen scheint. Es erklärt sich hieraus auch das Vertrocknen des Rinden- und Bastgewebes (Fig. 1) an dem vom Mycel durchwachsenen Holztheil, da die Rinde ihren Wasserbedarf vorwiegend aus dem Holze durch Vermittlung der Markstrahlen bezieht. Die Zersetzungsflüssigkeit wandert ferner hauptsächlich in den Gefässen aufwärts, sich von diesen aus auch etwas seitlich in die benachbarten Holzfaserzellen und Markstrahlen verbreitend; dieser Vorgang giebt dem Holze jenes grünstreifige Ansehen, wie es die Figuren 3 bis 12 erkenntlich machen. Figur 14 stellt den Radialschnitt durch die grünstreifig gewordene Partie eines Ahornholzkörpers dar; während die Zellen der linken Seite die Zersetzungsflüssigkeit theils in einzelnen Klümpchen enthalten, theils ganz von ihr vollgefüllt sind, beginnt an der rechten Seite bei *a*, *b*, *d* bereits die Aufzehrung der Jauche durch das nachwachsende Mycel; es kann dieses Mycel im Gegensatze zu dem vorausgehenden, direkt parasitisch wirkenden als saprophytisches Mycel aufgefasst werden. Der grün-braune Zellinhalt verschwindet in der Folge wieder bis auf wenige in den Zellen selbst (Fig. 14 *d*, 15 *a*) oder in dem Lumen der Tipfel (da wo der Markstrahl *d* an dem Gefässe *c* vorüberstreicht) zurückbleibende Tropfen; die Zellwandung erscheint dann wieder farblos und damit treten auch die zahlreichen Bohrlöcher des (parasitischen) Mycels (Fig. 14 *c*, 15 *c*) wieder deutlicher hervor.

An diesem behufs Bildung von Fortpflanzungszellen reichlich Nahrung aufnehmenden Mycel, das in der Dicke zwischen 1,0—4,6 Mikr. variirt (letztere Dimensionen besonders in den Gefässen), septirt und reichlich verzweigt ist, entwickelt sich sodann die Anlage zu einem Mikroconidienpolster da, wo ein Gefäss oder Markstrahl des bloss gelegten Holzkörpers zu Tage treten (Fig. 15). Das Mycel erwächst hierbei zu einem theils dickwandigen, graubraunen (Fig. 15 *b*), theils zarten und hellrosa gefärbten Scheinparenchym (*c*), von dem sich zahlreiche, septirte Fäden erheben, die an kurzen seitlichen Fortsätzen wieder Mikroconidien abschnüren. Diese Conidienbildung beginnt meist mit der knopfförmigen Anschwellung des seitlichen Fortsatzes (Fig. 22 *a*); hat die Conidie an ihrem Stielchen die normale Grösse (*b*) erreicht, so löst sie sich von demselben ab. Ausnahmsweise entstehen auf einem Stiele auch 3 Conidien gleichzeitig, die bei ihrer Reife auseinanderfallen (Fig. 22 *c*). Wo die unversehrte Rinde noch am Stamme haftet, bildet sich das Mikroconidienpolster als kugeliges Pseudoparenchym entweder innerhalb der Korkinitiale, das bereits vorhandene Korkgewebe bei der weiteren Entwicklung vom Rindenparenchym losreissend (Fig. 16 *a* u. *b*) und später durchbrechend, oder das Polster entsteht unter einer Lenticelle und benützt das lockere Korkgewebe derselben als Bresche in dem festen Korkmantel; in diesen Fällen sitzen die Mikroconidienpolster scheinbar regellos auf der glatten Rinde der getödteten Pflanze; an stärkeren Stämmchen, an denen die Epidermis bereits durch das Dickenwachsthum aufgeplatzt ist, entstehen in diesen Längsrissen die Conidienlager, die dann reihenweise angeordnet sind (Fig. 24 *b*).

Von diesem häufigeren Vorgange der Conidienbildung abweichend, kann unter gewissen Umständen, unter denen vielleicht Dicke der zu durchbrechenden Korkschichten, reichlich dargebotene Nahrung, oder ständige Feuchtigkeit des Fruchtpolsters eine entscheidende Rolle spielen, dem Mikroconidienlager die Bildung eines Makroconidienpolsters vorangehen, wie dieses an Akazienstämmchen beobachtet werden konnte.

Es wurden nämlich am 12. September 1881 mehrere 6—8jährige Akazien hart über dem Boden abgeschnitten und bereits am 17. November erschienen auf der Schnittfläche und der Rinde theils weisse Mycelbüschel (Fig. 17 *b*) theils schwach rosa gefärbte Polster (*a*).

Eine nähere Untersuchung der Pflanzen ergab, dass der Rindenkörper nur auf 3 cm abwärts getödtet worden war, während eine braungrüne Färbung im Holzkörper, besonders im jüngsten Holze, bis auf 15 cm abwärts in den Wurzelstock und die Wurzeln verlief. Unter dem Mikroscope zeigte ein dem Conidienlager (Fig. 17 *a*) entnommener Schnitt das in Fig. 18 wiedergegebene Bild; dem Ende, oder der seitlichen Verzweigung einer dickwandigen Hyphe entspringen zahlreiche Hyphenäste und vereinzelte dünnfädige Paraphysen (*g*); erstere schwellen mit ihren Enden knopfförmig an (*a*), und indem diese erste Anlage einer Makroconidie bis zur Grösse von *b* und *c* allmählig heranwächst, lagern sich reichlich in ihr Fetttröpfchen ab; mit der Zuspitzung der beiden Enden (*d*) reift die Conidie, wobei sie durch Querwände in einzelne Kammern abgetheilt wird; bei *e* beginnt die Conidienbildung durch direkte seitliche Aussprossung der Hyphe, bei *f* entsteht zuerst ein kurzer Seitenast, der in drei Conidienträger auswächst. Die Zahl der Kammern der fertigen Makroconidien schwankt zwischen 1 bis 6, in der Regel theilen 5 Querwände die Conidie in 6 Kammern (Fig. 19); ihre Länge liegt zwischen 25 und 64 Mikr., die gewöhnliche Länge ist 43 Mikr., ihre Dicke beträgt 3,0 bis 4,6 Mikr., gewöhnlich 3,5 Mikr. Auch diese Conidien zeigten schon 6 Stunden nach der Aussaat in Wasser lange septirte Keimschläuche mit vielen Vacuolen; es kann hiebei jede Kammer der Conidie auskeimen, oder es verlängert sich eine oder beide Endkammern unmittelbar zur Hyphe, oder es entspringt diese etwas hinter der Spitze der Conidie (Fig. 19 *b*) oder endlich es contrahirt sich der ganze Inhalt der Conidie in eine Kammer, welche dann auskeimt (Fig. 19 *a*); 3 Tage später schnürt das Mycel der jochartig unter sich verwachsenden ursprünglichen Conidien (Fig. 20 *a*) 1 bis 4 kammerige, oft sichelförmig gekrümmte Secundärconidien ab (Fig. 20 *b*, *c*, *d*), die eine Länge von 9—40 Mikr. und eine Dicke von 1,5 bis 3 Mikr. erreichen.

Der Umstand, dass diese Conidienform in der Natur nur in seltenen Fällen sich findet, oder, wenn sie entstanden ist, sehr rasch durch Regenwasser abgespült wird, ist Schuld daran, dass sie, wenigstens als zur Nectria cinn. gehörig, bisher unbekannt blieb; man kann sie jedoch leicht erhalten, indem man mycelhaltige Zweige von Ahorn oder Linden aufgespalten in Wasser stellt und in den Feuchtraum bringt; an dem über die Schnittfläche emporwachsenden Mycel entstehen die Makroconidien in grosser Zahl; bei Lindenzweigen tritt vorzugsweise zwischen den Knospenschuppen eine gelbliche, schleimige Flüssigkeit hervor, die durchaus aus zusammengeklebten Makroconidien besteht.

Wo ein Makroconidienpolster vorhanden ist, scheint das Mikroconidienlager (Fig. 21 *b*) sich unter dem Schutzbestande des ersteren (*a*) zu bilden, indem auf demselben Stroma (*cc*) ein halbkugelförmiges, hellrosa gefärbtes Lager von engmaschigem Scheinparenchym emporwächst, das die Makroconidienschicht vom

Stroma abdrängt; auch durch Regenwasser mag, wie gesagt, dasselbe schon sehr frühzeitig weggewaschen werden.

Während der Herbstmonate tritt im Stroma des Mikroconidienpolsters eine dunkelziegelroth gefärbte Schicht auf, welche durch ihr rasches Anwachsen die anstossenden Korkschichten zur Seite biegt und einzelne losgerissene Rindenparenchymzellen mit sich empornimmt (Fig. 25 *g*). Das Conidienpolster wird von diesem Fruchtlager allmählig abgestossen, bei *a* zeigen sich noch Reste desselben; hier hat das Stroma in seiner weiteren Entwicklung ein Stück des losgetrennten Korkmantels umwachsen. Auch dieses Stroma ist ein Scheinparenchym, seine Wandungen sind aber deutlich roth gefärbt und an seiner Aussenfläche entstehen in Folge eines Sexualaktes, dessen genauere Erforschung bisher nicht gelingen wollte, die Perithecien; ihr Ursprung ist durch eine helle Partie im Scheinparenchym markirt (Fig. 25 *a*, *b*), während die Begrenzungszellen nach Aussen abgerundet und kleiner werden; bei der weiteren Vergrösserung des Peritheciums (*d*) erweitert sich der farblose Innenraum, die Fruchtanlage tritt damit auch als immer deutlicher werdende Kugel aus dem Stroma hervor. Das reife Perithecium (*e*), das an seiner Aussenfläche mit gleichfalls roth gefärbten Zellhügeln bedeckt ist, die makroskopisch als warzenförmige Unebenheiten erscheinen (Fig. 24 *d*), besitzt an seinem der Basis entgegengesetzten Ende eine deutliche Öffnung (*f*), die schon mit schwacher Lupe als zarte, papillöse Erhabenheit zwischen den warzigen Verdickungen der Aussenwand erkennbar ist; durch diese Merkmale sind zugleich die Perithecien der Nectria cinn. von denen der Nectria Cucurbitula und Nectria ditissima, deren Aussenseite völlig glatt ist, leicht unterscheidbar; das untrüglichste äusserliche Kennzeichen der Nectria cinn., nach dem sie ihren Namen erhielt, sind die hellzinnoberrothen, verschieden gestalteten und oft zusammenfliessenden Conidienlager (Fig. 24 *b*, *c*). Perithecien, die in voller Reife sind, verlieren bei lange andauernder Trockenheit ihre kugelige Gestalt, indem die Mündung mit ihrer Umgebung cupulaförmig einsinkt; bei längerer Durchfeuchtung durch Regen oder Tau wird die äussere Hülle durch das Aufquellen des plasmareichen Innern wieder gespannt; der hiebei auf den Inhalt der Perithecie ausgeübte Druck genügt, um zahlreiche Ascosporen, theils frei, theils noch in ihren Schläuchen verklebt, aus der Mündung austreten zu lassen. Im Innern der Perithecien entstehen die Asci auf einem zartwandigen parenchymatischen Gewebe (Fig. 26 *a*); zu ihrer normalen Grösse herangewachsen, körnelt sich ihr Plasmainhalt und ohne erkennbare Zellkernbildung entstehen in jedem Schlauche je 8 zweikammerige, an ihren Polen mit einem stark lichtbrechenden Öltröpfchen versehene Ascosporen (Fig. 26 *d*), zwischen den Ascis entspringen breite (*b*) oder dünnfädige (*c*), septirte und verästelte Paraphysen;

ihr stark gekörneltes Ansehen und ihre äusserst zarte Wandung lassen vermuthen, dass sie bereits in Auflösung begriffen sind.

Die aus den Perithecien ausgestossenen reifen Ascosporen sind in Bezug auf Form und Grösse äusserst variabel; ihre Länge schwankt zwischen 12,5 bis 26,0 Mikr., ihre Dicke zwischen 4,6 und 7,0 Mikr.; die häufigeren Grössenverhältnisse sind 16 Mikr. lang und 5,8 Mikr. dick; das Ende der Sporenkammern ist meist stumpf mit dem bereits oben erwähnten Fetttröpfchen; sehr selten kommen 1 und 3kammerige Sporen vor (Fig. 27). In Wasser ausgesät keimten einige schon nach 1 bis 2 Stunden, wobei entweder einfach ihr Ende sich zum Keimschlauche verlängert, oder seitlich 1 oder 2 Hyphen entspringen (Fig. 27); 48 Stunden später (Fig. 29) bildeten sich an dem septirten Mycel zu beiden Seiten Conidien (*c*), während die Spitze noch fortwuchs und durch knopfförmige seitliche Aussprossung stets neue Conidienanfänge zeigte (*b*). Durch das Wachsthum der beiden Fäden waren die Kammern der ursprünglichen Ascospore (*a*) zum Theil von einander getrennt worden. Auch hier liess sich, wie bei den Mikroconidien, der Fall oftmals beobachten, dass eine Spore gar nicht keimte, sondern sogleich Conidien abschnürte (Fig. 28). Es erfolgte diese Conidienbildung, wie ein in Fig. 30 abgebildetes Fadenstück zeigt, fast genau auf dieselbe Weise, in der die Mikroconidien entstehen, nur entspringt hier, nicht wie bei Fig. 22, das Conidienstielchen knapp unter einer Querwand der Hyphe, sondern dasselbe entsteht an ihr in regelloser Vertheilung. Diese den Ascosporen und dessen Mycel entsprossenen Conidien stimmen mit den angegebenen Grössenverhältnissen der auf einem Fruchtlager gebildeten Mikroconidien vollständig überein.

Um das Wesentlichste und praktisch Wichtigste der vorstehenden Untersuchungsergebnisse noch einmal in Kürze zusammenzufassen, so ergiebt sich, dass eine direkte Verletzung des Holzkörpers von Ahorn-, Linden-, Rosskastanien- und Akazienpflanzen vorausgehen muss, damit die Nectria cinn. für diese Pflanzen überhaupt Parasit werden kann; ist aber die Infektion einmal erfolgt, so genügt weder die eigene Widerstandskraft der Pflanze, die alljährlich ihre lebensfähige Rinde gegen die todten Partien hin durch Wundkork schützt (Fig. 24 *e*), noch auch kann von einer Beseitigung einer Nectria-Krebswunde, z. B. durch Ausschneiden, die Rede sein, da ja das Mycel im Holzkörper vegetiert und in demselben dem äusserlich sichtbaren Krebswundrand voraneilt. Dass es für den Zweck, der Weiterverbreitung der Krankheit am Stamme selbst Einhalt zu thun, nicht genügt, dass man die getödtete Rinde mit daran sitzenden Conidienpolstern alljährlich ausschneidet und die Schnittfläche mit Theer bestreicht, dafür liefern einige Lindenstämmchen des hiesigen englischen Gartens den besten Beweis; unterhalb einer solchen getheerten Wunde findet sich im nächsten Jahre regelmässig neue todte Rinde mit neuen Conidienpolstern. Einigen Werth hat dieses Vorgehen insofern, als die Menge der in einem Garten, Park oder Reviere gebildeten Sporen der Nectria cinn. um einen gewissen Procentsatz verringert wird. Ist nur ein Seitenzweig einer werthvollen Ahornpflanze, z. B. einer ausländischen Art inficirt, — und der Gefahr der Infektion sind besonders Acer Negundo, A. dasycarpum, A. pictum, A. palmatum, rubrum und Ginnala ausgesetzt —, so kann die Weiterverbreitung auf den Hauptstamm dadurch verhindert werden, dass man den inficirten Zweig da wegnimmt, wo sein Holzkörper völlig gesund d. h. ohne alle grünen Streifen und Punkte erscheint.

Können wir auch nur in den seltensten Fällen eine von der Nectria cinnabarina befallene Ahorn- oder Lindenpflanze durch irgend einen operativen Eingriff heilen, so stehen uns doch Vorbeugungsmassregeln zur Verfügung, mittels deren wir leicht den Schaden auf eine kaum beachtenswerthe Grösse reduciren können. Als Hauptregel muss gelten die sorgfältigste Vermeidung aller Beschädigungen, wie Beschneiden oder Verletzen der genannten Holzarten überhaupt während der Jahreszeiten Herbst, Winter und Frühling; zur Sommerszeit, in der die Conidien in geringster Zahl vorhanden sind und überdies der durch eine Wunde blossgelegte Holzkörper rascher vertrocknet, mag ein Beschneiden der Pflanzen eher zulässig sein; sind wir aber aus irgend einem Grunde genöthigt, an der Pflanze eine Verwundung vorzunehmen, so muss die Wunde sofort mit Baumwachs verklebt oder mit Theer bestrichen werden; in diesem Falle wäre dann die Zeit vom Herbste bis zum Frühjahre zu wählen, weil dann in den trockenen Holzkörper der Theer leichter und tiefer einzudringen vermag. Ich lege ein Gewicht auf den sofortigen Schutz der Wunde; denn obigen Untersuchungsresultaten zufolge keimt eine angeflogene Conidie schon innerhalb weniger Stunden; ein Verschluss der Wunde erst nach 2—3 Tagen ist daher meist ganz nutzlos, da er zu spät kommt.

Sollen aber an Ahorn-, Linden- und Rosskastanienstämmchen grössere Aeste etwa zur Erziehung schlanker Nutzstangen im Nieder- und Mittelwaldbetriebe oder breitkroniger, schattenliefernder Bäume in Parken, an Chausseen und dgl. weggenommen werden, dann muss dabei die gleiche Vorsicht, wie bei Aestung von Eichen, zum Schutze gegen Pilzinfektion geübt werden. Wie empfindlich der Schaden sein kann, wenn man ästet, indem man einfach den Ast von oben nach unten durchsägt, — ohne vorheriges Einschneiden auf der Unterseite, — bis er nach langem Hin- und Herzerren endlich am Unterrande losreisst, dafür liefert den Beweis eine von München nach Schwabing angelegte Ahornallee. Wie an den getheerten Wunden noch erkenntlich ist, war der Rindenkörper beim Ausästen im Frühjahre 1881 am untern Rande vom Holzkörper losgelöst worden; der Zuwachs des Jahres 1881 legte den Holzkörper durch Abdrängen der Rinde auf grössere Entfernung frei, so dass einer Infektion desselben durch die vom Wundrande durch Regenwasser in diese Vertiefung abgewaschenen Conidien die besten Bedingungen geboten waren, und in der That zeigt jetzt (Winter 1881/82) bereits eine grosse Anzahl von Stämmchen unmittelbar unter der Astschnittfläche eine über handbreite todte Rindenfläche, die dicht mit den hellzinnoberrothen Conidienlagern bedeckt ist. Ausserdem wurde, wie ich aus eingezogenen Erkundigungen erfuhr, die ganze Allee zuerst bei warmer Witterung geästet und erst nach 1 bis 2 Tagen wurden die Wundflächen getheert, was in vielen Fällen wohl zu spät war und einen Theil der Schuld an der empfindlichen Beschädigung dieser Anlage trägt.

Ob die Nectria cinnabarina an Ahorn- und Lindenpflanzen, die im forstlichen Betriebe verwendet werden, etwa bei Ergänzungen im Nieder- und Mittel-Walde durch Kernwuchspflanzen, als Parasit mit bemerkbarem Schaden auftritt, darüber fehlt mir zur Zeit noch jede weitere Nachricht. —

Erklärung der Figurentafel I.

Fig. 1. Vierjährige Ahornpflanze, die bei *a* an einer frischen Astschnittfläche durch Sporen der Nectria cinnabarina inficirt worden war; bis zum Frühjahr 1881 war der Holzkörper mit dem daran sitzenden Rindengewebe bis zu den beiden mit * bezeichneten Punkten getödtet und hatten sich darauf zahlreiche Conidienpolster entwickelt. Der Zuwachs des Jahres 1881 wurde seitwärts nach *b* gedrängt; im Spätsommer ergriff das Mycel auch diesen Theil, sodass dieser mit dem darüber stehenden Pflanzentheile vertrocknete; bei *c* ist die von unten nach oben fortschreitende Erschlaffung der Blätter ersichtlich. $^1/_{12}$ der natürl. Grösse.

Fig. 2. Längsschnitt aus dem letzten Jahrestriebe von Fig. 1. Die beiden Blattspurstränge *a*, sowie die beiden Knospenkegel (*b*) und der Blattstiel über seiner Basis (*c*) dunkel gefärbt; hier knickt das Blatt beim Verwelken ein. Natürl. Grösse.

Fig. 3. Wurzelstück von Acer Pseudoplatanus, durch Nectr. cinn. getödtet; bei *a*, der Abschnittfläche der Wurzel erfolgte die Infektion, die grüne Streifung rührt von den Zersetzungsprodukten des Zellinhaltes her. $^1/_2$ der natürl. Grösse.

Fig. 4. Längsschnitt durch den Wurzelhals von Acer platanoides, welcher von Nectria cinn. von den Wurzeln aus getödtet worden war; die Zersetzungsprodukte besonders im letzten Jahrringe angehäuft. $^1/_2$ der natürl. Grösse.

Fig. 5. Längsschnitt derselben Pflanze 1 m höher entnommen. $^1/_2$ natürl. Grösse.

Fig. 6. Desgleichen, abermals 1 m höher. $^1/_2$ natürl. Grösse.

Fig. 7, 8 und 9. Querschnitte der vorausgehenden Figuren 4, 5 und 6. $^1/_2$ nat. Grösse.

Fig. 10. Aststück einer Ahornpflanze, künstlich mit Conidien der Nectria cinn. inficirt, mit beginnender Ueberwallung, die grünbraune Jauche im Holzkörper bis zum Zeichen vorgeschritten. Vergr. $^2/_1$.

Fig. 11. Wurzelende von Acer Pseudoplatanus, künstlich durch Mikroconidien inficirt; die Zersetzungsflüssigkeit des Zellinhaltes war innerhalb 8 Wochen 1,4 cm aufwärts gewandert; das Mycel war bis zur markirten Stelle vorgedrungen. Natürl. Grösse.

Fig. 12. Wurzellängsschnitte einer Ahornpflanze; bei *a* wurden die Conidien in einen tiefen Stich mit dem Skalpell eingebracht. Die grüne Färbung ist abwärts $^1/_2$ cm, aufwärts 1 cm weit vorgeschritten. Mycel noch bei den signirten Punkten nachweisbar. $^1/_2$ natürl. Grösse.

Fig. 13. Längsschnitt durch 3 Holzfaserzellen einer Ahornpflanze, die auf künstlichem Wege inficirt wurde. Das reichlich septirte und verästelte Mycel durchbohrt die Wandungen (*a*) der mit Stärkemehl erfüllten Faserzellen (*b*); dasselbe beginnt seine Thätigkeit mit der Zersetzung der Stärkekörner, indem es diesen den Gehalt an

Granulose entzieht (*c*); später lösen sich mit der zurückbleibenden Stärkecellulose auch die Pilzfäden (*d*) zu einer grünbraunen Flüssigkeit auf; bei *e* Bohrlöcher von Pilzfäden, die durch den Schnitt entfernt worden waren. Vergr. $^{1200}/_1$.

Fig. 14. Radialschnitt durch die grüngefärbte Partie einer durch Nectria cinn. getödteten Ahornpflanze; Faserzellen und Gefässe mit grünbrauner Flüssigkeit erfüllt; letztere ist in den Faserzellen *a* und *b*, dann bei *c*, dem unteren Theile des Gefässes, sowie in den Markstrahlen (*d*) durch das nachwachsende Mycel bereits wieder aufgezehrt; *e e* Pilzbohrlöcher. Vergr. $^{500}/_1$.

Fig. 15. Zersetzungsflüssigkeit bis auf wenige Tropfen (*a*) verschwunden; das Mycel theilweise in den Faserzellen zu dickwandigem Pseudoparenchym verwachsen (*b*); wo Gefässe oder Markstrahlen des blossgelegten Holzkörpers zu Tage treten, entstehen die Conidienpolster *c* und *d*; bei *e e*, die Bohrlöcher des Pilzes. Vergr. $^{330}/_1$.

Fig. 16. Bei *a* erste Anlage des Makroconidienpolsters innerhalb der Phellogenschicht einer Akazienrinde; *b* weiteres Entwicklungsstadium, die Korkzellen durch das sich vergrössernde Polster von den Parenchymzellen losgerissen. Vergr. $^{160}/_1$.

Fig. 17. Rindenstück einer Akazie mit den Makroconidienpolstern *a*; bei *b* schneeweisse Mycelbüschel. Vergr. $^{2}/_1$.

Fig. 18. Reich verästelter Mycelfaden aus dem Polster von Fig. 17 *a* entnommen; *a*, *b* und *c* sind die Entwicklungsstadien der Makroconidien, bei *d* reife Conidien, *e* und *f* die Conidienbildung seitlich an dem Pilzfaden zeigend; *g* eine dünnfädige Paraphyse. Vergr. $^{500}/_1$.

Fig. 19. Makroconidien der Nectria cinn. 1 bis 6 kammerig, 8 Stunden nach der Aussaat auf der Objektplatte, bei *a* der Inhalt in eine Kammer contrahirt, welche auskeimt; bei *b* entspringt der Keimschlauch den Endkammern. Vergr. $^{500}/_1$.

Fig. 20. Gekeimte Makroconidie, 3 Tage nach der Aussaat bei *a* jochartig verwachsen; bei *b*, *c* und *d* werden 1—4 kammerige Secundärconidien abgeschnürt. Vergr. $^{500}/_1$.

Fig. 21. Unter dem Schutze des Makroconidienpolsters *a* entsteht wahrscheinlich die Anlage des Mikroconidienlagers *b*; die Rindenparenchymzellen *c* durch das Emporwachsen des Pseudoparenchyms aus ihrem Zusammenhange gerissen; an Akazie. Vergr. $^{90}/_1$.

Fig. 22. Zwei isolirte Fäden des Mikroconidienpolsters; bei *a* Beginn der Conidienbildung, *b* reife Conidien, *c* succedane Abschnürung derselben. Vergr. $^{330}/_1$.

Fig. 23. *a* Mikroconidien 5 Stunden nach der Aussaat in Wasser; *b* ebensolche 3 Tage nach der Aussaat, die Secundärconidien *c* bildend. Vergr. $^{500}/_1$.

Fig. 24. Querschnitt von Fig. 1 bei *b* im Winter entnommmen. *a* der letzte Jahreszuwachs mit den aus den Rindenrissen hervorbrechenden, dunkelzinnoberrothen Conidienpolstern *b* bedeckt, *c* ältere hellzinnoberrothe Conidienlager, *d* reife Perithecien, theils frei, theils seitlich unter den Conidienpolstern entstehend, *e* Wundkorkschichte von Aussen bis zum Cambium quer durch die Rinde verlaufend. Vergr. $^{2}/_1$.

Fig. 25. Durchschnitt durch ein Peritheciumlager; bei *a* noch Reste des Conidienpolsters erkennbar; *b b* Anfänge der Perithecienbildung; *c*, *d* weitere Entwicklungsstadien; *e* reifes Perithec. mit einer Oeffnung (*f*) an der Spitze versehen; die Aussenwand desselben durch rothe Zellhügel warzig erscheinend, das Wandparenchym mit den darauf entstehenden Ascis und Paraphysen farblos; bei *g* durchbricht das Fruchtlager das Kork- und Rindengewebe, von letzterem einzelne Zellen mit sich reissend. Vergr. $^{45}/_1$.

Fig. 26. Der Innenwand eines reifen Peritheciums entnommen; *a* zartwandiges Scheinparenchym, an dem die in Auflösung begriffenen, verästelten septirten Paraphysen *b* und *c* entspringen, *d* ein Ascus mit 8 reifen, 2 kammerigen Ascosporen, jede Kammer gegen die Spitze hin mit einem stark lichtbrechenden Oeltröpfchen. Vergr. $^{500}/_{1}$.

Fig. 28. Ascospore 3 Tage nach der Aussaat in Wasser; dieselbe bildet, ohne zu keimen, Secundärconidien an kurzen Stielchen. Vergr. $^{500}/_{1}$.

Fig. 29. Gekeimte Ascosporen 3 Tage nach der Aussaat; die beiden Kammern der Ascospore *a* durch das Wachsthum des Mycels theilweise von einander getrennt; das Mycel septirt mit Vacuolen, schnürt zahlreiche Secundärconidien ab, bei *b* Beginn der Conidienbildung, *c* fertige Conidien.

Fig. 30. 1200fache Vergrösserung der Pilzhyphe von Fig. 29, die Entstehung der Conidien an kurzen Stielchen in regelloser Vertheilung am Faden selbst zeigend. Vergrössert $^{1200}/_{1}$.

Ueber den anatomischen Bau des Holzes der wichtigsten japanischen Coniferen.

Tafel II—V.

Von **Dr. Yaroku Nakamura** aus Tokio (Japan).

Die japanische Waldflora.

Wohl kein anderes Land der gemässigten Zone als Japan bietet einen solchen Reichthum, zugleich eine solche Mannigfaltigkeit und Eigenthümlichkeit der Vegetation dar. Ohne aus den engen Kreis seiner Heimath zu treten, ist dem Japaner der Anblick einer tropischen und zugleich einer polaren Flora vergönnt. Dies ist es, was die Aufmerksamkeit der abendländischen Forscher längst schon auf das Inselreich zog, welches demselben auch jetzt noch wie ein Zauberland dasteht.

Ehe ich auf die Beschreibung der Vegetation, resp. Waldung, eingehe, wird es nicht unzweckmässig sein, eine kurze Darstellung der klimatischen Verhältnisse des Landes, welche jene Mannigfaltigkeit und Eigenartigkeit der Flora bedingen, zu geben; wie gesagt, eine kurze, sich auf die allgemeinen Erscheinungen beschränkende Darstellung des Klimas, weil die Erläuterung der einzelnen Ursachen für die klimatischen Differenzen mich allzuweit vom Thema abführen würde.

Japan ist ein Complex von zahllosen Inseln zwischen 24° 20′ n. Br. und 51° n. Br. und zwischen 122° 53′ ö. L. und 156° 36′ ö. L., sich also über etwa 27 Breiten- und 33½ Längen-Grade erstreckend, zeigt eine bedeutende Verschiedenheit im Klima seiner einzelnen Theile und keineswegs, wie man seiner geographischen Lage nach zu beurtheilen pflegt, ein so gleichmässiges und mildes Klima wie andere Gegenden im Monsungebiete. Dasselbe gleicht vielmehr dem des benachbarten Festlandes, wo ein starker Unterschied zwischen Winter- und Sommertemperatur besteht. Charakteristisch sind die grosse jährliche Niederschlagsmenge (1000—1800 mm) und die niedrige Wintertemperatur. Selbst im südlichen Theile sind im Winter alle Gebirge beschneit, ja nicht selten auch das Flachland mit wilden Palmen und Cycadeen. In der südlichen Zone, z. B. in der Stadt Nagasaki (32° 44′ n. Br.) sinkt die Temperatur im

Winter bis — 2° C., steigt im Sommer bis auf + 31° C., in der mittleren Zone, z. B. in Tokio (35° 50′ n. Br.) sinkt sie im Winter bis — 7°, ausnahmsweise selbst bis — 9° C., im Sommer steigt sie bis auf + 35° C., endlich in der nördlichen Zone, z. B. in Hakodate (41° 46′ n. Br.) sinkt sie im Winter bis — 16° C., im Sommer steigt sie bis auf + 30° C. Die letztere Stadt hat mit München gleiche Isotherme. Nicht minder bedeutenden klimatischen Unterschied als in meridionaler gewahrt man in latitudinaler Richtung. Z. B. Tokio an der von dem warmen Kuroshio-Strom bestrichenen Ostküste, hat, wie erwähnt, ein Temperatur-Minimum von — 7 bis — 9° C.

Der Schnee fällt jährlich 3—4 Mal und bleibt nicht länger als 2 Tage liegen. Etwa 1° westlich in der Provinz Shinshiu schreitet ein Lastthier sicher über eine Eisdecke dahin, die einen Binnensee winterlich überzieht. Die Provinz Ezigo an der Westküste, die der Wärme des Kuroshio-Stromes entzogen ist, zeigt eine mit Tokio fast gleiche Temperatur, aber den Winter hindurch einen grossen Schneefall, der sich in der Ebene selbst mehrere Meter und in hoher Lage über 10 m hoch anhäuft. Die 3 erwähnten, klimatisch so differirenden Orte haben fast gleiche Breite wie Malta mit einer Wintertemperatur von + 12° C.

Dem eigenartigen Klima entsprechend tritt uns eine recht eigenthümliche Flora in eigenartiger Vertheilung entgegen. Man zählt in ganz Japan von Gefässpflanzen 154 Familien, 1035 Gattungen und 2743 Arten, von denen zufallen:

den Dikotyledonen	121 Fam.	795 Gatt.	1934 Art.
den Monocotyledonen	28 „	202 „	613 „
und den Gefässcryptogamen	5 „	38 „	196 „

Dies bezeichnet den gegenwärtigen Stand unserer Kenntniss, die wir der Forschung von Thunberg, v. Siebold, Savatier, Kaempfer, Dickins, Vidal, Wright, Hodyson, Kramer, Rein, Zuccarini, Miquel, Grisebach und noch anderen verdanken. Indessen ist dieses Resultat noch nicht ganz haltbar, weil hierin auch aus China und Korea stammende Formen als japanische Species eingezogen, und weil umgekehrt bei unvollkommener Erforschung der inneren Urwälder viele wild vorkommende als eingeführte chinesische oder koraiensische Species angesehen wurden. Die Richtigstellung dieser Mängel bleibt der künftigen Forschung vorbehalten.

Meine Aufgabe beschränkt sich darauf, die Vertheilung der forstlich wichtigsten Waldbäume zu schildern und zwar vorzugsweise mit Rücksicht auf diejenigen, die vielleicht in Deutschland anbaufähig sein könnten. Wegen meiner unvollkommenen Kenntniss muss ich mich jedoch mit der Betrachtung der 3 grossen Inseln Kiushiu, Shikoku und Honshiu begnügen.

Beginnen wir unsere Betrachtung von dem südlichsten Theile, welcher uns von allen Theilen des japanischen Reiches das schönste und mannigfaltigste Naturbild gewährt. Die Waldung der Hügellandschaft besteht hier vorherrschend aus wintergrünen Eichenarten und anderen lorbeerblättrigen Laubbäumen, zu denen sich auch blattabwerfende Gehölze gesellen. Hier und da erheben sich 10—12 m hohe stolze Camellienbäume; über dem Duft ihrer bunten Blüthen schweben vereinzelte Palmenkronen. Die Palmenstämme wetteifern mit schlanken, etwa 20 m hohen Bambusgräsern, die aus dem nachbarlichen Buxus- und Azaleenbusch aufstreben. Gegen diese Gewächse des Südens contrastirt wunderbar die dunkelfarbige Krone nordischer Kiefern, wie die Pinus massoniana. Und eben dieser Contrast ist es, der dieses Naturgemälde so reizend macht. An Nadelhölzern mangelt es in diesen Gegenden keineswegs. Cryptomeria japonica, Chamaecyparis pisifera, Taxus cuspidata etc. Die erstere hat hier ihre eigentliche Heimath, erreicht über 35 m Höhe. Die anderen finden sich in hoher Lage. Das Hauptverbreitungsgebiet des wintergrünen Gehölzes steigt selbst in den wärmsten Gegenden nur bis etwa 300 m über den Meeresspiegel, höher hinauf herrschen blattabwerfende Laubhölzer. Stets erfreut uns die Natur dieser Gegenden mit dem Anblick blühender Pflanzen. Die immergrünen Laubhölzer verkündigen im Spätherbst durch dunkle matte Färbung ihre Winterruhe. Und kaum haben die sommergrünen Laubhölzer ihre bunten Blätter abgeworfen, so blühen im Freien Olea- und Aralia-Arten im November und December, und im Januar und Februar Daphne-, Camellia- und Forsythia-Arten. Das sind die Vorboten des Frühlings, denen Prunus-, Jsopyrum-, Magnolia-, Berberis-, Draba-, Capsella-, Rubus-, Corydalis-, Hamamelis-, Veronica-Arten nach und nach folgen. Endlich im April ist die ganze Natur wieder erwacht, und der periodische warme Regen erfreut nun die grünende Erde. Die wichtigsten Bäume dieser Gegend sind: Quercus acuta, Quercus gilba, Quercus glauca, Distylium racemosum, Cinnamomum Camphora, Rhus succedanea, Buxus sempervireus, Pinus massoniana, Cryptomeria japonica etc.

Gehen wir nordwärts in den mittleren Theil. Die immergrünen Gehölze ziehen sich in die geschützte Lage der Ebenen zurück und machen den blattabwerfenden Laubhölzern und manchen Coniferen Platz: Melia japonica, Sophora japonica, Paulownia imperialis, Aphanante aspera, Celtis sinensis, Quercus dentata, Quercus serrata, Quercus crispula, Larix japonica, Populus Sieboldii, Pterocarya sorbifolia, Ilex integra, Zelkowa Keaki, Torreya nucifera, Podocarpus macrophylla, Podocarpus Nageia, Chamaecyparis obtusa, Chamaecyparis pisifera, Sciadopitys verticillata, Juniperus sinensis, Ginko biloba, Pinus densiflora und noch manche andere. Cryptomeria japonica findet man hier auch in grossen und reinen Beständen, in ebenso grossen Bäumen wie im Süden. Pinus massoniana nimmt gegen Norden zu allmählich an Höhe und Dicke ab.

2*

Ebenso verräth der Bambus ein bedeutend geringeres Wachsthum und Palmen fristen meist im Garten ein kümmerliches Dasein. Gegen den Spätherbst gewahrt man hier das umgekehrte Bild wie im Süden. Dort eine kahle Gebirgszone von sommergrünen Laubhölzern über der dunklen Ebene mit immergrünen Laubhölzern; hier eine dunkelbewaldete Gebirgszone von Nadelhölzern über der Ebene mit ihres Laubschmuckes beraubten sommergrünen Laubhölzern. Die Vegetationszeit dauert hier im Allgemeinen 2—3 Wochen kürzer als im Süden. Charakteristisch für die Waldungen des mittleren Theils sind die zahlreichen Kletter- und Schlingpflanzen. Im tiefen Waldschatten schlingen sich über 30 m lange und armdicke Wistaria-, Actinidia-, Schizophragma- und Hydrangea-Arten von Stamm zu Stamm. An sonnigen Abhängen kriechen und winden sich Akebia- und Püraria-Arten um die buschigen Sträucher und bilden mit ihren blauen und violetten Blumen einen bunten Teppich. Hierzu gesellt sich noch ein Dutzend anderer Kletterpflanzen, die hier ihre grösste Verbreitung haben.

Ein ganz anderes Bild tritt uns im nördlichen Theile entgegen, wo in besonders hoher Lage die Nadelhölzer über die Laubhölzer vorherrschen. Die herrschenden Arten sind: Magnolia hypoleuca, Alnus maritima, Alnus firma, Betula alba, Fagus sylvatica, Juglans Sieboldiana, Aesculus turbinata, Acer palmatum, Abies firma, Abies Tsuga, Abies Veitchii, Picea Alcockiana, Picea polita, Taxus cuspidata, Larix leptolepis, Pinus densiflora, Pinus parviflora u. s. w.

Die harten Varietäten von Cypressen finden sich noch am Fusse der Gebirge oder in der Ebene. Die immergrünen Laubhölzer verschwinden gänzlich; Camellien und Palmen gewahren wir nur noch in Töpfen. Die Vegetationszeit dauert etwa 6 Monate. Den langen Winter hindurch liegen die Pflanzen unter dem Schnee vergraben; sie erwachen plötzlich im Mai, dem raschen Uebergang vom Winter zum Sommer entsprechend.

Betrachten wir endlich die verticale Verbreitung der Waldbäume in dem Gebirge, so können wir dieselben im Allgemeinen in 5 Zonen vertheilen.

1. Die Zone der Kiefern. Dieselbe steigt bis 500 m. Den unteren Theil (bis 300 m) bewohnt Pinus massoniana mit wintergrünen Laubhölzern wie Quercus acuta, Quercus glauca, Quercus Gilba, Quercus Phyllyroides, Quercus glabra, Cinnamomum Camphora, Dystylum racemosum, Cinnamomum pedunculata, Buxus sempervirens etc. und den oberen Theil (300—500 m) Pinus densiflora mit blattabwerfenden Bäumen, wie Zelkowa Keaki, Ginko biloba, Quercus dentata, Quercus serrata, Castanea vulgaris, Quercus crispula, Melia japonica, Sophora japonica, Aphanante aspera, Celtis sinensis, Populus Sieboldii, Ilex crenata etc.

2. Die Zone der Cypressen; 500—1100 m. Die vorherrschenden

Holzarten sind: Chamaecyparis obtusa, Chamaecyparis pisifera, Podocarpus macrophylla, Sciadopitys verticillata, Podocarpus Nageia, Torreya nucifera etc.

3. Die Zone der sommergrünen Laubhölzer; 1100—1700 m. Hier kommen hauptsächlich vor: Magnolia hypoleuca, Cercidiphyllum japonicum, Evodia glauca, Ulmus campestris, Alnus maritima, Fagus sylvatica, Juglans Sieboldiana, Aesculus turbinata, Acer palmatum, Acer crataegifolium etc.

4. Die Zone der Tannen und Fichten; 1700—2400 m. Im unteren Theile dieser Zone sind Abies firma, Larix leptolepis und Abies Tsuga vorherrschend und im oberen Theile finden sich Abies Veitchii, Picea Alcockiana, Picea polita etc.

5. Die Zone der Krummholzkiefern; 2400—2800 m. Hier findet Pinus parviflora ihre Heimath und darin kommen verkümmerte Alnus viridis, Sorbus aucuparia, Betula alba, Alnus firma etc. vor.

Wie gross auch der Unterschied der Pflanzenvertheilung in der horizontalen, wie auch in der verticalen Richtung sein mag, so können wir doch zwischen den verschiedenen Gebieten keine scharfen Grenzen ziehen. Um die Verschiedenheit der Verbreitungsgebiete aus verschiedenen Orten anzugeben, führe ich ein Beispiel an. In der Nähe Tokio's kommt Abies firma hinab bis 200 m über der Meeresoberfläche in Gesellschaft von immergrünen Eichen wild vor, während dieselbe in der Provinz Shinshiu unter dem fast gleichen Breitengrade meist von etwa 1500 m an zu Hause ist.

Nachdem ich ein ungefähres Bild der japanischen Waldung gegeben habe, erlaube ich mir gelegentlich über den Anbau japanischer Pflanzen in Deutschland einige Worte, weil die Möglichkeit nicht ausgeschlossen ist, dass hier unsere Nutzgewächse ebenso wie die amerikanischen eine forstlich wichtige Rolle spielen werden. Ueberall soweit ich Deutschland kenne, bin ich in Anlagen, Parken und Gärten einer nicht geringen Zahl meiner alten Bekannten begegnet; aber keiner zeigte ein so frisches Gedeihen wie in der Heimath, wenn auch viele davon bei uns in Winterkälte von — 15° bis — 16° C. sehr gut gedeihen. Das schlechte Gedeihen japanischer Pflanzen in Deutschland glaube ich dem Grunde zuschreiben zu müssen, dass die eingeführten Pflänzlinge höchst wahrscheinlich vom Süden Japans herstammen. Wäre meine Vermuthung richtig, so ist es kein Wunder, warum sie hier nicht gedeihen. Selbst bei uns zu Hause ist die erste Bedingung des Anbaues irgend einer Pflanze, die Sämereien oder Pflänzlinge aus den richtigen Gegenden zu beziehen und lieber aus kälteren, als aus wärmeren Gegenden; z. B. Cryptomeria japonica, wie oben oft erwähnt, ist ein ächter Südbewohner, kommt jedoch bis zur nördlichsten Insel Loso, wo das Thermometer im Winter bis — 16° C., ja oft noch mehr sinkt, angebaut als ein ansehnlicher Stamm vor. Diesen Südbewohner hat man in so kalten Gegenden anbaufähig dadurch gemacht, dass man die

Samen oder Pflänzlinge aus dem kältesten Orte seines Verbreitungsgebietes allmählich hingebracht hat. Wenn man also beim Anbau japanischer Pflanzen in Deutschland die Samen oder Pflänzlinge möglichst von den kalten Gegenden bezieht, so wird man bessere Resultate erzielen können wie bisher.

Specielle Beschreibung der einzelnen Hölzer.

Familie Taxaceae.

Von dieser Familie kommen in Japan vor:

1. Taxus cuspidata S. et. Z. (Araragi).
2. Taxus sp. (Kiaraboku).
3. Torreya nucifera S. et Z. (Kaya).
4. Cephalotaxus drupacea S. et. Z. (Inugaya).
5. Podocarpus Nageia Rob. (Nagi).
6. Podocarpus macrophylla Don. (Kusamaki).
7. Ginko biloba (Ginko).

I Taxus cuspidata (Araragi).

Sie ist eine Bewohnerin der Gebirge, kommt im Süden wie im Norden vor, gedeiht jedoch am besten im mittleren Theile (35—37^{0} n. Br.), von der Cypressenzone bis zur unteren Grenze der Tannenzone. Ihre Höhe erreicht hier bis 20 m, ihr Umfang bis 2 m. Der geradwüchsige Stamm theilt sich in gewisser Höhe in zahlreiche vom Schafte fast horizontal abstehende Aeste mit herabhängenden Zweigen. Die Krone ist spindelförmig, und die sich in dünnen Schuppen ablösende Rinde ist rothblau.

Forstlich spielt sie eine grosse Rolle. Die Verjüngung geschieht meist künstlich, gelingt auch durch Stecklinge junger Triebe.

Das Holz hat einen schmalen gelblichweissen Splint, breiten dunkelrothen Kern, ist hart elastisch, schwer spaltbar, wohlriechend. Die Jahrringe sind schmal und wellig. Die Herbstschichte tritt durch ihre dunklere Färbung scharf hervor. Von den Markstrahlen sind nur einzelne deutlich.

Es wird als Möbelholz sehr gesucht.

Anatomischer Bau.

Das Holz besteht nur aus Tracheiden, hat keine Harzkanäle. Ein charakteristisches Merkmal desselben ist die spiralig gefaltete Innenwandschichte der Zellen. Diese Spiralen laufen in gleicher Entfernung einzeln oder zu je 2—4 stets von rechts nach links (Fig. 1 *oo*), also in gleicher Richtung der Streifungsschichten. Zwischen Frühjahr- und Herbstholz findet ein allmählicher Uebergang statt; an der Dicke der Zellwände zwischen diesen beiden ist kein grosser Unterschied bemerkbar. An den Tangentialwänden des Herbstholzes und an den Radialwänden des Frühjahrsholzes befinden sich zahlreiche gehöfte Tipfel. Die im Herbstholze befindlichen sind im Querschnitt wie im Radialschnitt nur theilweise sichtbar. Ausser den grossen Tipfeln (Fig. 1 *e*) auf den Tangentialwänden sieht man noch ganz kleine gekreuzte Tipfel in grosser Anzahl an den Radialwänden unregelmässig zerstreut liegen.

Die Markstrahlen (Fig. 1 *cc*) bestehen nur aus Parenchym, sind zahlreich, einreihig, mehrzellig, glatt und stets reich an Harzsubstanz. Scheinbar gehöft*) kommen die Tipfel je 2 in einer Zellbreite von rechts nach links vor. Oft bemerkt man in der Nähe der Markstrahlen nestartige Markflecke, deren Parenchymzellen sehr stark verdickt, unregelmässig verlaufen (Fig. 1 *dd*). Dieses Nest enthält hie und da plasmatischen Inhalt (Fig. 1 *m*), ist auch sehr reich an Harzsubstanz, in Zellräumen tropfenweise ausgeschieden (Fig. 1 *n*), sowie auch in den Zellwänden imprägnirt, was die dunkelrothbraune Farbe des dann schon mit unbewaffneten Augen erkennbaren Nestes bedingt.

Dieses Holz kann durch seine eigenartig gefaltete Innenwandschichte der Zellen mit anderen Holzarten nicht leicht verwechselt werden; nur möglich wäre eine Verwechselung mit dem Holze von Torreya nucifera. Die Unterscheidungsmerkmale zwischen diesen beiden werden gleich unten angegeben.

II. Torreya nucifera (Kaya).

Ihr Verbreitungsgebiet erstreckt sich etwa von 32—40° n. Br., wovon der warme südliche Theil ihr mehr zusagt, als der nördliche. Sie tritt in der Kiefernzone auf. Der Baum erwächst gerade, umkleidet von zahlreichen, unregelmässig nach allen Seiten entwickelten, von dem mit rothbraunen dünnen

*) Den scheinbar gehöften Tipfel nenne ich einen solchen einfachen Tipfel, welcher durch das gleichzeitige Auftreten des damit korrespondirenden Tipfels der Tracheiden vor oder hinter demselben wie ein gehöfter Tipfel aussieht. Z. B. Fig. 2 ist eine Vergrösserung der Tipfelbildung der Markstrahlen von Taxus cuspidata (Fig. 1). Hier ist der äussere linsenförmige Raum eigentlich der Tipfel der Markstrahlen und der innere spaltenförmige ist der damit korrespondirende Tipfel der Tracheiden. Trotz des Aussehens, ist also die Beschaffenheit des Tipfels ganz verschieden von derjenigen des Tipfels, welchen man gehöften Tipfel nennt, da hier kein eigentlicher Hof vorhanden ist.

Wegen der Kürze des Ausdruckes und der verschiedenen Beschaffenheit dieses Tipfels von dem von Tracheiden gebrauche ich unten das Wort Scheinhof und gebe die Richtung des Tipfels in den Markstrahlen nur nach dem innerhalb liegenden Tracheidentipfel, da derselbe stets deutlicher auftritt, als der eigentliche Tipfel der Markstrahlen.

Schuppen bedeckten Schafte wagerecht abstehenden, an der Spitze herabhängenden Aesten, welche in ihrer Gesammtheit in einen Stumpfkegel abfliessen. Die dichte Krone reicht gewöhnlich tief am Stamme herab, weil dieser Baum ausser für Holzproduktion zur Gewinnung der essbaren Nüsse, somit in sehr lichter Stellung angepflanzt wird.

Forstlich ist dieser Baum von ziemlicher Bedeutung und wird in der Regel künstlich verjüngt. Die jungen Pflänzlinge sind sehr empfindlich gegen Frost und Hitze. Höhe bis 20 m, Umfang bis 2 m.

Das Holz ist gelblichweiss, hart, schwer spaltbar, angenehm riechend, hat schwachwellenförmige Jahrringe, eine scharf begrenzte röthliche schmale Herbstzone, enthält fast immer kleine Proventivknospenstämme. Die Markstrahlen sind fein und deutlich.

Das Holz ist widerstandsfähig gegen Fäulniss, wirft sich nicht, ein gesuchtes Holz für Möbel und feine Kastenwaaren.

Anatomischer Bau.

Das Holz besteht ebenfalls nur aus Tracheiden, hat keinen Harzkanal. Als Unterscheidungsmerkmale von Taxus cuspidata eignen sich der Lauf der Spiralen und die Tipfelbildung des Frühjahrsholzes; hier laufen die Spiralen zu 2—4 gruppirt von links nach rechts (Fig. 3*aa*) und der Tipfelkanal (Fig. 3*b*) spaltenförmig, liegt von rechts nach links, also in entgegengesetzter Richtung mit den Spiralen, während bei Taxus cuspidata die Spiralen (Fig. 1*oo*) von rechts nach links gleichmässig verlaufen und der Tipfelkanal (Fig. 1*p*) kreisförmig ist.

III. Podocarpus macrophylla (Kusamaki).

Ihre eigentliche Heimath liegt zwischen 32—34° n. Br., angepflanzt kommt sie überall mit mehr oder minder glücklichem Gedeihen vor. Der Stamm ist walzenförmig mit dicker, röthlichbrauner Ringelborke. Die Aeste strahlen regelmässig vom Schafte in schiefer Richtung und bilden eine spitzkegelige, lichte Krone. An einem günstigen Standorte erreicht sie 20 m Höhe.

Sie ist forstlich von ziemlicher Bedeutung, wird theils künstlich, theils natürlich verjüngt und pflanzt sich durch Stecklinge junger Triebe sehr gut fort.

Das Holz ist röthlichgelb, stark nach Harz riechend, geradfasrig, hat eine sehr breite dunkelrothe Herbstzone und deutliche Markstrahlen.

Das Holz wird zu den Gefäss- und Kistenwaaren verwendet. An Widerstandsfähigkeit gegen Nässe übertrifft es alle anderen Nadelhölzer, wird deshalb zum Wasserbau gesucht; dagegen steht es in Dauerhaftigkeit an der Luft hinter allen anderen zurück. Die 6—8 cm dicke faserige Borke hat auch verschiedene Verwendung, besonders benützt man sie wegen ihrer Dauer im Wasser zur Herstellung von Seilen etc.

Anatomischer Bau.

Das Holz besteht aus Parenchym und Tracheiden. Harzkanäle fehlen. Das Parenchym mit stark verdickten Scheidewänden kommt in der Herbstschichte wie auch in der Frühjahrsschichte in reichlicher Menge zerstreut vor. Die Zellen sind im Allgemeinen klein und dünnwandig, gehen vom Frühjahrsholze ins Herbstholz sehr allmählich über. Die Frühjahrsschichte hat an der Radialwand gehöfte Tipfel in grosser Anzahl, deren Kanal im Radialschnitt betrachtet, linsenförmig aussieht. Der Tipfel der Herbstschichte ist stets gekreuzt.

Charakteristisch ist für dieses Holz, dass die gehöften Tipfel an den Tangentialwänden des Frühjahrsholzes in grösserer Anzahl auftreten, was bei den anderen Hölzern selten ist.

Die Markstrahlen (Fig. 4) bestehen nur aus Parenchym, sind einreihig mehrzellig glatt, haben von rechts nach links liegende, spaltenförmige, scheinbar gehöfte Tipfel und glatte Scheidewände (Fig. 4 *b*) in recht grosser Zahl. Sowohl Parenchym als auch Markstrahlen sind stets reich an Harzsubstanz.

Dieses Holz hat im Ganzen einen ähnlichen Bau wie das von Chamaecíparis obtusa und Juniperus sinensis. Die Unterscheidungsmerkmale werden unten an den betreffenden Stellen angegeben.

IV. Ginko biloba (Ginko).

Die eigentliche Heimath dieses Baumes liegt etwa zwischen 35—40° n. Br. Er kommt auf dem frischen kräftigen Boden der Ebene und in dem oberen Theile der Kiefernzone vor. Der Stamm erwächst schnurgerade, gabelt sich in gewisser Höhe in mehrere dicke Aeste, von denen zahlreiche Zweige nach allen Seiten um dieselben schräg aufsteigend entspringen, so dass sie in Gesammtheit die Gestalt einer Pyramide bilden. Dieser Baum ist sehr lichtbedürftig, erreicht ein hohes Alter. Höhe bis 25 m, Umfang bis 7 m. Die weisslichbraune Rinde bleibt bis zum hohen Alter glatt.

Forstlich hat der Baum eine untergeordnete Bedeutung; er gehört mehr zu den Zierpflanzen. Die Verjüngung geschieht nur künstlich. Die Anpflanzung geschieht in manchen Gegenden zur Gewinnung der Nüsse, die bei guter Pflege des Baumes auf einem richtigen Standorte bereits im zehnjährigen Alter getragen werden.

Das Holz ist dunkelgelb, breitringig, hat scharfe Grenzen zwischen Frühjahrs- und Herbstschichte. Die Markstrahlen sind fein und deutlich. Zum besonderen Merkmale dieses Holzes dienen kleine weisse Pünktchen auf der Oberfläche des Querschnittes, welche fast ebenso aussehen, wie die Harzkanäle des Kiefernholzes.

Das Holz wird zum Bau und auch zu Brettwaaren verwendet.

Anatomischer Bau.

Kein Nadelholz hat einen so eigenthümlichen Bau wie dieses. Es besteht nur aus Tracheiden (Fig. 9 und 12). Die Grösse und Form der Zellen ist sehr verschieden, selbst in einer und derselben Schichte, bald gross, bald klein, bald eckig, bald rundlich. Oft findet man keinen merklichen Unterschied zwischen den Herbst- und Frühjahrsschichten. Die grossen Zellen haben an den Radialwänden gehöfte Tipfel stets in 2 Reihen (Fig. 9 *aa* u. Fig. 12 *a*); die kleinen Zellen dagegen nur einreihig (Fig. 9 *cc*). Recht charakteristisch ist es, dass die grossen (Fig. 9 *aa*) wie die kleinen Zellen (Fig. 9 *cc*) in nicht geringer Anzahl gefächert sind. Von diesen gefächerten Tracheiden sind zweierlei Arten vorhanden. Die eine hat sehr dicke, meist mit einem gehöften Tipfel versehene Scheidewände (Fig. 9 *g*); die andere recht dünne Scheidewände ohne Tipfelbildung (Fig. 9 *h*), aber mit überaus viel eingeschlossenen Stärkekörnern. Diese gefächerten Tracheiden kommen oft zu 5—10 gruppirt vor (Fig. 12 *m*) und enthalten hie und da schöne Krystalle, auch einzelne deutlich sichtbaren plasmatischen Inhalt (Fig. 9 *kk*).

Die Markstrahlen (Fig. 9 *ll* und 12 *dd*) sind nur von Parenchym einreihig mehrzellig, enthalten ausserordentlich viel Stärkekörner. Die Tipfel derselben sind scheinbar gehöftet, befinden sich schief von rechts nach links je 2—6 in einer Zellweite.

Harzkanäle kommen nur im Markkörper, mit reichlicher Harzsubstanz gefüllt, vor. Hier sieht man neben denselben langzellige Harzschläuche auftreten.

Familie Cupressaceae.

Von derselben kommen in Japan vor:

1. Chamaecyparis obtusa S. et. Z. (Hinoki).
2. Chamaecyparis pisifera S. et. Z. (Sawara).
3. Chamaecyparis sp. (Suiriuhiba).
4. Biota orientalis Endl. (Konotegashiwa).
5. Cryptomeria japonica Don. (Sugi).
6. Thujopsis dolabrata S. et. Z. (Hiba).
7. Thujopsis laetevirens Lindl. (Nedsuko).
8. Thujopsis sp. (Himeasunaro).
9. Juniperus sinensis L. (Ibuki).
10. Juniperus rigida S. et. Z. (Muro).
11. Juniperus sp. (Yawarasugi).

V. Chamaecyparis obtusa (Hinoki).

Sie ist eine Gebirgspflanze, kommt etwa zwischen einigen 30 und 38° n. Br. vor, doch ist ihr bestes Gedeihen in der Mitte dieses Gebietes. Der ganz schnurgerade schlanke Stamm erhebt sich bis zu einer riesigen Höhe mit einer dichten Beastung, welche in eine spitzkegelige Krone abschliesst. Die Rinde ist eine rothbraune faserige Ringelborke, welche sich sehr leicht vom unteren Theile des Stammes bis zur äussersten Spitze als ein ganzes Stück ablösen lässt. Dieser Baum macht grosse Ansprüche an Boden und Klima; am besten gedeiht er auf humosem, mineralisch kräftigem Granitboden in geschützten Thälern und Mulden. Er bildet gewöhnlich mit Juniperus-, Thujopsis- und Podocarpus-Arten Mischbestände in der Cypressenzone und erreicht eine Höhe von 40 m, einen Umfang von 7 m. In recht geschlossenem Bestande liefert er einen walzenförmigen Schaft, dessen Durchmesser oft in der Brusthöhe kleiner ist, als mehrere Meter darüber. Junge Pflänzlinge sind sehr empfindlich gegen Frost und Hitze.

Forstlich spielt dieser Baum die grösste Rolle unter den Coniferen. Die Verjüngung geschieht theils künstlich, theils natürlich. Junge Pflänzlinge, welche von Gärtnerhand in den Handel kommen, sind meist Stecklinge junger Triebe.

Das Holz ist weiss mit schwachgelblichem Ton, fein und geradefasrig, leicht spaltbar, schmalringig, hat eine scharf begrenzte, röthliche, sehr schmale Herbstzone, undeutliche Markstrahlen und angenehmen Harzgeruch. Das Kernholz ist rosaroth.

Dieses Holz ist widerstandsfähig gegen alle Witterungseinflüsse, hat eine sehr ausgedehnte technische Verwendung als starkes Bauholz wie als Werkholz für kleine Waaren; es ist besonders gesucht für Lackwaaren. Die Rinde benützt man in Gebirgsgegenden oft als Dachschindel. Aus dem Bastkörper werden mancherlei Waaren geflochten.

Anatomischer Bau.

Das Holz besteht aus Tracheiden (Fig. 8 *bb*) und Parenchym (Fig. 8 *aa*) und hat keine Harzkanäle. Die Zellen sind im Allgemeinen dünnwandig, deutlich gestreift und der Uebergang vom Frühjahrsholz ins Herbstholz ist allmählich. Die Tipfel an der Radialwand des Frühjahrsholzes und die an der Tangentialwand des Herbstholzes treten sehr zahlreich auf; von letzteren ist im Querschnitte und auch im Radialschnitte nur ein Theil sichtbar. Betrachtet man den Tangentialschnitt, so findet man ausser den grossen, im Radial- und Querschnitte sichtbaren Tipfeln noch zahlreiche weniger grosse Tipfel mit gekreuzten Kanälen zerstreut liegen. Die Parenchymzellen kommen ziemlich zahlreich, besonders im Herbstholze vor; sie bilden hier etwa 6—9 % der ganzen Holzmasse und sind stets mit zahlreichen stark verdickten Scheidewänden (Fig. 8 *h*) und reichlicher Harzsubstanz versehen.

Die Markstrahlen bestehen nur aus Parenchymzellen (Fig 8 *gg*), an deren Längs- und Querwänden keine Verdickung zu bemerken ist. Die Tipfel derselben sind spaltenförmig, scheinbar gehöft, schräg von links nach rechts liegend und befinden sich je 1—2 in einer Zellweite.

VI. Chamaecyparis pisifera (Sawara).

Ihre Verbreitungs- und Wachsthumsverhältnisse sind dieselben wie für Chamaecyparis obtusa; nur steht sie in forstlicher Bedeutung dieser nach. Es gehört ein gewandtes Auge dazu, im Bestande diesen Baum von Chamaecyparis obtusa zu unterscheiden. Ein merklicher Unterschied zwischen den beiden Holzarten liegt in der Rinde. Die Rinde von Chamaecyparis pisifera hat eine etwas weissgefleckte Ringelborke mit Querrissen, während sie bei Chamaecyparis obtusa mehr braune Farbe besitzt und sich in langen Fasern ablöst.

Das Holz ist röthlichgelb, hat schimmernden Atlasglanz, schmale schwachwellige Jahrringe, eine recht feine, fast rosshaardicke, scharf begrenzte dunkelgelblichrothe Herbstschichte, nur einzelne deutliche Markstrahlen und angenehmen Harzgeruch.

Es hat technisch fast dieselbe Verwendung wie das von Chamaecyparis obtusa; aber an Güte steht es gegen dieses weit zurück.

Anatomischer Bau.

Anatomisch ist dieses Holz ebenso gebaut, wie das von Chamaecyparis obtusa.

VII. Cryptomeria japonica (Sugi).

Auf den Gebirgen wie auch in der Ebene, im Süden und Norden, überall begegnet man diesem Baum von dem wintergrünen Laubholzgebiete bis zur Tannenzone hinauf stets in reinem Bestande, doch findet er sein bestes Gedeihen im südlichen, wärmeren Theile. Er macht grosse Ansprüche an die Güte des Bodens, gedeiht am besten im frischen, humosen, mineralisch kräftigen Boden der Thäler. Der Stamm erhebt sich schnurgerade in die Höhe mit lichter, spärlicher Beastung, deren Zweige herabhängen und im Gesammtbild eine Krone von spitzer Kegelform darstellen. In richtigem Standorte erreicht der Baum eine Höhe von 35—40 m bei einem Umfang von 9—10 m.

Forstlich ist Cryptomeria japonica von grosser Bedeutung. Wegen ihrer Schnellwüchsigkeit und ihrer Leichtigkeit des Anbaues, sowie wegen des grossen Bedarfs an ihrem ausgezeichneten Holze, nimmt sie nach den Kiefern die grösste Fläche der Nutzwaldung ein. Ihre Verjüngung geschieht nur künstlich und gedeiht sie selbst durch Stecklinge junger Triebe. Obgleich die Stecklinge ein äusserst rasches Wachsthum zeigen, vermeidet man doch, dieselben im Bestande anzupflanzen, da der Baum in der Regel schon in jugendlichem Alter inwendig hohl wird. Die junge Pflanze ist sehr empfindlich gegen Frost und Hitze.

Das Holz ist im Splint weiss und im Kern bräunlich roth, breitringig, sehr leicht spaltbar, schwach glänzend, angenehm riechend, hat eine scharf begrenzte, schmale, dunkelrothe Herbstzone. Die Markstrahlen sind kaum oder nur schwer sichtbar.

Das Holz hat eine sehr vielseitige Verwendung sowohl beim Hochbau als auch bei Anfertigung kleiner Waaren und Nippsachen. Es besitzt eine grosse Widerstandskraft gegen Nässe.

Anatomischer Bau.

Dieses Holz hat denselben Bau, wie das von Chamaecyparis obtusa; nur findet man hier die Zellen dickwandiger und der Uebergang vom Frühjahrholze ins Herbstholz rascher, als bei Ch. obtusa; an den Tangentialwänden des Frühjahrholzes stehen einzelne gehöfte Tipfel, die bei Ch. obtusa nicht vorkommen. Auch an den Markstrahlen lässt sich ein Unterschied zwischen den beiden Hölzern erkennen, indem bei Cryptomeria japonica die Tipfel ganz einfach, kleinaugenförmig je 1—2 parallel mit der Längswand liegen, während bei Ch. obtusa, wie schon oben erwähnt, die Tipfel scheinbar gehöft sind. Diese Tipfelbildung ist das beste Unterscheidungsmerkmal; man vergleiche Fig. 8 gg und Fig. 10.

VIII. Thujopsis dolabrata (Hiba).

Ihr Verbreitungsgebiet ist dasselbe, wie für Ch. obtusa und Ch. pisifera, und sie kommt mit denselben in Gesellschaft vor. Der Stamm ist ebenfalls geradewüchsig, walzenförmig, mit dicker, dunkelrother Ringelborke. Ihre, mit schuppenartigen, oben hellgrünen, unten weissglänzenden Nadeln dicht besetzten Zweige umkleiden den Schaft in einer stumpfkegeligen Krone gewöhnlich ziemlich tief herabreichend; sie erreicht eine Höhe bis 35 m und verlangt zu ihrem Gedeihen mehr Licht, als die Chamaecyparis-Arten.

Forstlich von ziemlicher Bedeutung wird sie theils natürlich, theils künstlich verjüngt; kommt auch durch Stecklinge fort.

Das Holz ist gelblichweiss, fein und geradefaserig, hat schmale, schwachwellige Jahrringe, eine recht schmale, scharfbegrenzte, rothbraune Herbstzone, undeutliche Markstrahlen und schwachen Harzgeruch.

Es wird zum Schiff-, Haus- (Grundschwellen) und Brückenbau und noch zu mancherlei Brettwaaren benützt, besonders zu Erd- und Wasserbauten.

Anatomischer Bau.

Dieses Holz besteht ebenfalls aus Tracheiden und Parenchym und hat keine Harzkanäle. Das Parenchym ist von gleicher Beschaffenheit wie das von Chamaecyparis (Fig. 8 *aa*), kommt jedoch seltener vor. Die Zellen sind dünnwandig, haben grosse Zellräume mit allmählichem Uebergange vom Frühjahrholze ins Herbstholz; ebenso lässt sich kein grosser Unterschied an der Dicke der Wandung in der Herbst- und Frühjahrszone bemerken. In der Herbstschichte beobachtet man bloss an den äussersten Zellen Tipfelbildung an den Tangentialwänden; dagegen findet man bei den anderen Zellen dieser Zone ebenso zahlreiche Tipfel an der Radialwand wie bei der Frühjahrszone.

Die Markstrahlen bestehen nur aus Parenchym (Fig. 14), sind einreihig, 1—5zellig, haben keine Verdickung, zahlreiche dünne Querwände (Fig. 14 *a*). Die spaltenförmigen Tipfel der Markstrahlen sind scheinbar gehöft, liegen schief von rechts nach links.

Diese Markstrahlen, wie auch das Parenchym der Längsorgane, enthalten stets Harzsubstanz in reichlicher Menge. Selten treten nestartige Markflecke auf, deren stark verdickte Parenchymzellen unregelmässig verlaufen, wie bei Taxus cuspidata (Fig. 1 *dd*).

IX. Thujopsis laetevirens (Nedsuko).

Ihre Verbreitung und Wachsthumsverhältnisse sind ganz gleich mit Th. dolabrata; die Rinde ist dunkelröthlichbraun, glatt, mit Längsrissen. Höhe bis 25 m, Umfang bis 3 m.

In forstlicher Bedeutung steht sie Th. dolabrata nach.

Das Holz ist sehr fein, geradefaserig und schmalringig, hat weissen, schmalen Splint, dunkelbraunen Kern, eine scharf begrenzte, haarbreite Herbstzone, kaum sichtbare Markstrahlen und schwachen Harzgeruch.

Das Holz dient als Brettwaare zu mancherlei Verwendungen; doch steht seine Güte der von Th. dolabrata nach.

Anatomischer Bau.

Dem anatomischen Bau nach hat dieses Holz grosse Aehnlichkeit mit Th. dolabrata, doch findet man bei diesem Holz Parenchym ganz selten, und zwar, soweit meine Untersuchung reicht, nur in der Herbstschichte; es ist wohl das an Parenchym ärmste Holz unter den Parenchym führenden Hölzern.

Die Herbstschichte ist recht schmal, 4—6zellig; dagegen das Frühjahrsholz sehr dünnwandig und breit, ins Herbstholz plötzlich übergehend.

Die Markstrahlen (Fig. 11) enthalten nur Parenchym, sind einreihig und 1—4 Zellen hoch; die Zellwandungen zeigen keine Verdickungen; die glatten Scheidewände stehen fast rechtwinklig auf den Längswänden, die verhältnissmässig dick sind, selbst dicker als die Zellwände der Frühjahrsschichte (Fig. 11 *bb*). Die Tipfel der Markstrahlen sind klein, linsenförmig, liegen zu 2—6 zweireihig in einer Tracheidenbreite und laufen parallel der Längswand. Dieselben treffen aber in der Herbstschichte auf die spaltenförmigen Tipfel der Tracheiden und erscheinen deshalb gehöft (Fig. 11 *cc*). Die Zellwände der Markstrahlen haben hie und da auch tipfelförmige Spaltung (Fig. 11 *d*).

X. Juniperus sinensis (Ibuki).

Dieser Wachholder ist ein Bewohner der südlichen wärmeren Gegenden, kommt etwa von 33°—36° n. Br. in der Kiefernzone isolirt vor. Aus dem mit einer faserigen, dunkelrothen Ringelborke bedeckten Schafte entspringen unregelmässige, derbe Aeste, welche in dichtbenadelte, mehr herabhängende Zweige sich vertheilen. Der Stamm ist gewöhnlich krumm und gedreht und erreicht eine Höhe kaum bis 7 m.

Forstlich hat Jun. sin. keine Bedeutung, er ist mehr Zierpflanze in Parken, Gärten etc.

Das Holz hat einen schmalen röthlichweissen Splint, breiten röthlichvioletten Kern, grosse Härte, schimmernden Atlasglanz, und starker, angenehmer Geruch zeichnet es aus. Es ist schwer, fein aber krummfaserig, schmalringig und schwer spaltbar. Die haardicken Herbstholzzonen treten durch besonders dunkle Färbung scharf hervor, laufen bald stark, bald schwach wellenförmig. Die Markstrahlen sind zahlreich und deutlich, besonders im Kernholze.

Das Holz wird hauptsächlich für Möbel verwendet.

Anatomischer Bau.

Das Holz besteht aus Parenchym und Tracheiden und führt keine Harzkanäle. Die Zellen sind so dickwandig, dass sich fast kein Unterschied in der Dickwandigkeit der Herbst- und Frühjahrsschicht bemerken lässt; deshalb gehen auch beide Zonen ganz allmählich in einander über, ohne dass eine scharfe Grenze sich ziehen liesse. Das Holz ist sehr reich an Parenchymzellen, welche stets mit zahlreichen, bogenförmig verlaufenden, stark verdickten Querwänden versehen sind.

Die Markstrahlen bestehen nur aus Parenchym, sind einreihig, meist mehrzellig, nur selten 2—3zellig. Dieselben besitzen sowohl stark verdickte als auch glatte Scheidewände, und an den Längswänden ist Tipfelbildung recht zahlreich. Die Holzparenchymzellen und Markstrahlen enthalten Harzsubstanz stets in solcher Menge, dass es ohne Auswaschen der Präparate mit Alkohol kaum möglich ist, den Bau derselben genau zu betrachten. Die Tipfel der Markstrahlen sind lang und spaltenförmig, scheinbar gehöft und liegen schief von links nach rechts. In diesem Holze kommen auch, wie bei Chamaecyparis und Cryptomeria, ganz kleine gekreuzte und gehöfte Tipfel der Herbstschichte, welche nur bei dem Tangentialschnitte sichtbar sind, unregelmässig zerstreut vor.

Familie Abietaceae.

Davon kommen in Japan vor:

1. Sciadopitys verticillata S. et. Z. (Kohyamaki).
2. Belis lanceolata Lam. (Kohyosan).
3. Abies firma S. et. Z. (Momi).
4. Abies Veitchii Lindl. (Shirabe).
5. Abies Tsuga S. et. Z. (Tsuga).
6. Abies sp. (Kometsuga).
7. Picea polita S. et. Z. (Iramomi).
8. Picea Alcockiana Lindl. (Tohhi).
9. Larix leptolepis Gord. (Karamatsu).
10. Pinus densiflora S. et. Z. (Mematsu).
11. Pinus massoniana Lamb. (Omatsu).
12. Pinus parviflora S. et. Z. (Goyohmatsu).
13. Pinus sp. (Hymekomatsu).
14. Pinus koraiensis (Tiosenmatsu).

XI. Sciadopitys verticillata (Kohyamaki).

Ihr Vorkommen beschränkt sich auf die südliche Hälfte des Landes, etwa von 31°—36° n. Br. und sie tritt im frischen, tiefgründigen, humosen, kräftigen Boden der Cypressenzone auf; sie ist der schönste Baum unter den Coniferen. Vom schnurgeraden Schafte strahlen zahlreiche Aeste ganz symmetrisch nach allen Seiten und schliessen die Krone in einen Spitzkegel ab. Ebenso symmetrisch sind auch die Nadeln an den Zweigchen angeordnet. Auf ihr zusagendem Standorte erreicht sie eine Höhe bis 35 m, bei einem Umfange bis 3 m. Die Rinde ist braunroth, langrissig und sehr dick. Der Baum sendet seine Wurzeln tief in den Boden hinein.

Forstlich ist die Schirmtanne von ziemlicher Bedeutung, wird aber nur auf künstlichem Wege verjüngt. Auch als Zierpflanze in Parken, Anlagen u. s. w. spielt sie eine grosse Rolle.

Das Holz ist röthlich bis gelblich weiss, breitringig, hat eine breite, gegen die Frühjahrszone allmählich verschwindende Herbstzone, deutliche Markstrahlen und schwachen Harzgeruch.

Das Holz wird zu allerlei Zwecken verwendet, besonders findet es aber zu Wasserbauten seine Verwendung wegen seiner grossen Widerstandsfähigkeit gegen Nässe.

Anatomischer Bau.

Das Holz besteht aus Parenchym und Tracheiden, hat keine Harzkanäle. Die Zellen sind im Allgemeinen dünnwandig und zeigen keinen raschen Uebergang vom Frühjahrsholze ins Herbstholz; in dem letzteren findet man die Tipfelung an der Tangentialwand recht mangelhaft; dagegen bedecken die Radialwände des ersteren zahlreiche Tipfel häufig in zwei Reihen an einer Zellwand angeordnet. Das Parenchym kommt nur spärlich vor, und seine Construction ist ebenso wie bei Ch. obtusa (Fig. 8 *aa*). Gekennzeichnet ist dieses Holz durch die Tipfelbildung der Markstrahlen (Fig. 13). Hier sind die Tipfel sehr gross und augenlidförmig und befinden sich je eins bis zwei derselben in einer Zellweite. Die Markstrahlen sind glatt, sehr dünnwandig (Fig. 13 *aa*) und tragen glatte, dünne bogenförmige Scheidewände (Fig. 13 *c*). Soweit meine Kenntniss reicht, ist dieses Holz, von dem Markstrahlenparenchym der Kiefern abgesehen, das einzige unter den Nadelhölzern, welches so grosse Tipfel in seinen Markstrahlen besitzt.

XII. Belis lanceolata (Kohyosan).

Das Verbreitungsgebiet dieses Baumes ist mir unbekannt. Man begegnet ihm im mittleren Theile des Landes als Zierpflanze von Gärten. Der schnurgerade Schaft trägt symmetrisch um den Stamm herum abstehende Aeste, welche von langen, lanzettförmigen Nadeln locker besetzt sind. Dieser Baum erreicht eine Höhe bis 15 m und ist einer von den drei Nadelhölzern (Cephalòtaxus drupacea und Ginko biloba), welche grosse Reproductionskraft und Ausschlagfähigkeit besitzen, er wird deshalb im Garten oft als lebendiger Zaun u. s. w. angepflanzt.

Forstlich ist dieser Baum von geringer Bedeutung.

Das Holz ist röthlichweiss, atlasglänzend, schmalringig, hat ungleich breite Herbstzonen, deutliche Markstrahlen. Das beste Erkennungsmittel für dieses Holz ist, dass dasselbe von ganz kleinen, zahlreichen Proventivknospenstämmen wie punktirt erscheint.

Das Holz wird als Brennmaterial verwendet.

Anatomischer Bau.

Was den Bau dieses Holzes betrifft, so hat derselbe eine Aehnlichkeit mit dem von Juniperus sinensis, doch ist es nicht so reich an Harzsubstanz. Als charakteristisches Merkmal dieses Holzes kann es bezeichnet werden, dass das Parenchym mehr im Frühjahrsholze auftritt, als im Herbstholze, was bei den anderen Hölzern gerade umgekehrt der Fall ist.

Die Markstrahlen (Fig. 6) bestehen nur aus Parenchym, sind einreihig, mehrzellig und haben glatte Wände. Die Tipfel derselben sind von einem scheinbaren Hof umgeben, liegen von rechts nach links gedreht, 1—2 in einer Zellweite.

XIII. Abies firma (Momi).

Das Verbreitungsgebiet dieser Tanne umfasst fast ganz Japan, jedoch ist sie mehr in der nördlichen Hälfte zu Hause; in der Ebene kommt sie noch unterm 36 ° n. Br. einzeln vor und von hieraus nach Süden steigt sie immer höher und höher in den Gebirgen hinauf. Der gerade Stamm trägt symmetrisch um denselben entspringende derbe Aeste, die in ihrer Gesammtheit eine kegelförmige Krone bilden. Die Rinde ist in der Jugend dunkelgrün, von einem gewissen Alter an wird sie grauweiss; dann bekommt sie Längs- und Querrisse. Der Baum erreicht eine Höhe bis 30 m und einen Umfang bis 3 m.

Forstlich spielt sie im Norden des Landes eine grosse Rolle, im Süden ist sie aber von keiner Bedeutung. Die Verjüngung geschieht theils künstlich, theils natürlich. Sie lässt sich auch durch Stecklinge junger Triebe fortpflanzen.

Das Holz ist gelblich und röthlichweiss, geradfaserig. Die Bildung der Jahrringe, ihre Härte u. s. w. sind je nach dem Orte ihres Vorkommens sehr verschieden. Dasjenige Holz, welches im Süden gewachsen ist, hat eine breite und reiche Frühlingszone, und somit gehört es zu den schlechten Hölzern; im Norden gewachsenes ist dagegen engringig, hart und elastisch. Dieses steht der Güte nach dem von Abies Tsuga fast gleich. Es findet seine Verwendung zu allen Bauten und wird auch als Brettwaare vielfach verwendet.

Anatomischer Bau.

Das Holz besteht nur aus Tracheiden, ist unter den Abiesarten das Einzige, welches öfters Harzkanäle besitzt. Die Zellen sind dickwandig, gestreift, haben deutliche Intercellularräume. Der Uebergang der Frühjahrsschichte in die Herbstschichte ist ein allmählicher. So viel sich aus meiner Untersuchung ergiebt, ist das Holz nicht allein durch das Vorkommen der Harzkanäle, sondern auch durch die Art und Weise ihrer Anordnung besonders ausgezeichnet. Es treten dieselben (Fig. 16 *aa*) nur in der Herbstzone auf und zwar ähnlich dem Porenkreise des Laubholzes in einer dem Jahresringe parallelen Reihc. In dem durch Fig. 16 *a* wieder gegebenen Schnitte stehen in einem Bogen von etwa 100 Zellenweiten 25 Harzkanäle, also trifft durchschnittlich auf je 4 Zellenweiten 1 Harzkanal. Ausserdem finde ich Harzkanäle nur in der Längsrichtung, und nicht, wie bei den Picea- und Pinus-Arten, auch in Markstrahlen eingeschlossen. Diese Harzkanäle sind gebildet aus in lauter kleine Kammern getheilten Auskleidungszellen, welche meist dickwandig sind (Fig. 16 *b*). Die Grenzwandungen von 2 Auskleidungszellen sind meist stark verdickt (ähnlich wie Fig. 15 *aa* und *dd*) und mit zahlreichen einfachen Tipfeln versehen (Fig. 15 *b*). Unter diesen Kammern giebt es eine geringe Zahl von dünnwandigeren (wie Fig. 15 *i*), welche von Plasma erfüllt zur Terpentinbereitung zu dienen scheinen.

Die Markstrahlen (Fig. 18) bestehen nur aus Parenchym, sind einreihig, mehrzellig (1—30), haben stellenweise Verdickungen, besonders da, wo sie an Harzkanäle vorbeistreichen. Die Scheidewände derselben sind stets verdickt (Fig. 18 *a*) und die Tipfel derselben ziemlich gross, linsenförmig und einfach, befinden sich von rechts nach links gewendet in der Regel 2—3 in einer Zellweite. Die Unterscheidungsmerkmale zwischen dieser und anderen Abies-Arten werden unten angegeben werden.

XIV. Abies Veitchii (Shirabe).

Das Verbreitungsgebiet dieser Tanne dehnt sich etwa von 35° — 50° n. Br. aus, jedoch kommt sie nur in der hohen Region der Gebirge, im oberen Theile der Tannenzone vor, wo der anhaltende Schnee den langen Winter hindurch die Bodendecke bildet. Die Baumgestalt, Rindebildung u. s. w. sind ebenso wie bei A. firma, nur findet man, dass bei jener die Aeste viel derber gebaut sind, als bei A. firma. Gekennzeichnet ist sie aber vor den andern Abies-Arten durch die weissglänzende Färbung ihres Blattstieles und der unteren Seite der Nadeln. Sie erreicht eine Höhe bis 20 m, einen Umfang bis 2 m.

Forstlich ist sie von geringer Bedeutung.

Das Holz ist weissglänzend, geradfaserig, breitringig, leicht spaltbar, hat eine schwach-röthliche, schmale Herbstzone. Die Markstrahlen sind deutlich.

Das Holz findet seine Verwendung meist zu einfachen Kistenwaaren; hie und da in Gebirgsgegenden gebraucht man es auch zu Dachschindeln. Die Güte desselben steht hinter der von A. firma zurück.

Anatomischer Bau.

Was den anatomischen Bau dieses Holzes betrifft, so zeigt es in allen Beziehungen dieselbe Construction wie A. firma. Nur ein einziger Unterschied zwischen den beiden liegt darin, dass bei A. Veitchii keine Harzkanäle zu finden sind. Fig. 18 stellt zugleich die Markstrahlen dieses Holzes dar.

XV. Abies Tsuga (Tsuga).

Sie ist eine Gebirgsbewohnerin, kommt in der Tannenzone mit A. firma und Larix leptolepis gesellig vor. Die Grenze ihrer horizontalen Verbreitung liegt etwa zwischen 35° — 41° n. Br. Der Baum erwächst schnurgerade, hat um den Stamm regelmässig entwickelte Aeste, welche in zahlreiche, zarte, herabhängende Zweigchen sich vertheilen. Im Vergleich mit den oben erwähnten Abies-Arten hat er kleinere, lockere Benadelung und schwächere Beastung, somit ist die Krone von lichterem und hellerem Aussehen. Die Rinde ist dunkelgrau, an ihrer Stelle bildet sich frühzeitig Schuppenborke. Höhe bis 30 m, Umfang bis 3 m.

Forstlich spielt diese Tanne eine grosse Rolle, wird meist natürlich verjüngt, gedeiht aber auch durch Stecklinge junger Triebe.

Das Holz ist röthlichweiss, geradefaserig, schwer, leicht spaltbar, hat eine breite, scharf begrenzte, dunkelrothe Herbstzone und starken Harzgeruch. Die Markstrahlen sind fein und deutlich. Es ist das beste Holz unter den Abies-Arten, sehr widerstandsfähig gegen Nässe, wird als Bauholz zu Schiffsmasten und auch als Brettwaare sehr gesucht.

Anatomischer Bau.

Es besteht nur aus Tracheiden und hat keine Harzkanäle. Die Zellen sind sehr dickwandig, deutlich gestreift, mit abgerundeten Zellräumen, besonders in der Herbstschichte. Der Uebergang vom Frühjahrsholze ins Herbstholz ist sehr allmählich. Dieses Holz ist charakterisirt vor den anderen Abies-Arten durch den Bau seiner Markstrahlen; es ist die einzige Tanne, deren Markstrahlen aus Parenchym (Fig. 17 *bb*) und Tracheiden (Fig. 17 *aa*) bestehen. Diese Tracheiden kommen in der Regel nur als die beiden äusseren Zellreihen der Markstrahlen vor; es giebt auch einzelne, wenigzellige Markstrahlen, welche einzig und allein aus Tracheiden bestehen. Die Parenchymzellen sind stellenweise verdickt und haben ebenso stark verdickte Scheidewände (Fig. 17 *e*); dagegen sind die Tracheiden immer glattwandig und besitzen mit 1 — 2 gehöften Tipfeln versehene Scheidewände (Fig. 17 *d*). Die Tipfel der Tracheiden sind ungleich gross, gehöft, die der Parenchymzellen klein, spaltenförmig. Beide liegen, von links nach rechts gewendet, 2—4 in einer Zellweite. Die Markstrahlen sind zahlreich, einreihig, meist mehrzellig und enthalten stets Harzsubstanz. In einzelnen Parenchymzellen derselben findet man plasmatischen Inhalt, auch hie und da rhombische Krystalle von kohlensaurem Kalk. Selten kommen auch Parenchymnester vor, welche aus einigen stark verdickten Zellen bestehen, die aber nicht unregelmässig verlaufen, wie bei Taxus cuspidata u. s. w., sondern in Gestalt eines kleinen Harzkanales gruppirt sind und Harzkörper in reichlicher Menge enthalten.

XVI. Picea Alcockiana (Tohhi).

Diese Fichte kommt nur in hohen Gebirgen vor, tritt mit Picea polita gesellig vom oberen Theile der Tannenzone bis zur unteren Grenze der Krummholzkiefernzone auf. Ihrem Vorkommen begegnet man erst etwa am 35 ° n. Br. und von hier aus nordwärts zieht sie mehr und mehr sich in die niederen Lagen zurück. Der Schaft trägt zahlreich von demselben entwickelte derbe Aeste, welche in verhältnissmässig dünne Zweige sich vertheilen. Die Kronengestalt ist ein Spitzkegel. Die Rinde ist in der Jugend grau, weiss gefleckt; später bedecken den Stamm dicke Borkenschuppen.

Dies ist die einzige Fichte, welche sehr kleine Zapfen besitzt; dieselben sind etwa 4 cm lang. Der Baum erreicht eine Höhe von 15—18 m, einen Umfang bis 2 m.

Forstlich unbedeutend.

Das Holz hat weissen Splint, schwach rosarothen Kern, breite Jahresringe, eine dunkelrothe, ziemlich breite Herbstzone; es ist hart, leicht spaltbar, elastisch und glänzend. Die Harzkanäle sind mit unbewaffneten Augen sichtbar.

Es wird in Bretterform zu manchen Zwecken gebraucht, besonders wird es aber von Spahnreissern gesucht.

Anatomischer Bau.

Das Holz dieser Fichte ist nur aus Tracheiden gebildet und hat reichlich Harzkanäle. Die Tracheiden des Holzes sind ziemlich dickwandig mit allmählichem Uebergange von der Frühjahrsschichte in die Herbstschichte. Die Tipfelbildung sowohl an der Tangentialwandung des Herbstholzes, wie auch an der Radialwandung des Frühjahrsholzes recht zahlreich. Die Harzkanäle treten in lothrechter und auch in wagrechter Richtung, d. h. in Markstrahlen eingeschlossen, auf; besonders zahlreich sind die lothrechten Harzkanäle im Herbstholze. Der Harzgang (Fig. 15 *aa*) hat stark verdickte Auskleidungszellen (Fig. 15 *aba* und *cc*), welche in lauter kleine Kammern getheilt sind. Unter diesen Kammern kommen auch sehr dünnwandige vor (Fig. 15 *i*), welche zur Bereitung des Terpentins dienen. Die Gestalt des eigentlichen Harzkanales ist je nach dem Entstehungsstadium desselben sehr verschieden. Im ersten Stadium seines Entstehens hat er nur eine geringe Zahl von Auskleidungszellen, somit sieht der eigentliche Kanal eckig aus, und mit der fortschreitenden Entwicklung bekommt er durch Vermehrung der Auskleidungszellen mehr cylinderförmige Gestalt. Die Nebenzellen sind auch zum Theil verdickt.

Die Markstrahlen bestehen aus Parenchym (Fig. 15 *pp*) und Tracheiden (Fig. 15 *kk*); die letzteren bilden in der Regel die 1–2 äusseren Zellreihen und haben glatte, mit gehöften Tipfeln versehene Scheidewände. Bei den Parenchymzellen findet man an den Längswänden keine Verdickung, dagegen stets stark verdickte Querwände (Fig. 15 *n*). Da, wo die Markstrahlen an einem Harzkanale vorbeigehen, findet bei den Tracheiden gewöhnlich eine starke Wandverdickung statt, während bei den Parenchymzellen ganz umgekehrt eine sehr starke Wandverdünnung hervorgerufen wird. Die Tipfel der Parenchymzellen sind einfach, linsenförmig, befinden sich, von rechts nach links gewendet, je 1—2 in einer Zellweite. Alle Harzkanäle und Markstrahlen enthalten Harzsubstanz stets in reichlicher Menge.

XVII. Picea polita (Iramomi).

Was das Vorkommen und die Wachsthumsverhältnisse derselben anbetrifft, so steht sie mit Picea Alcockiana in näherer Verwandtschaft. Ihre Beastung und Benadelung sind aber von stärkerer Beschaffenheit, deshalb stehen selbst die kleinsten Zweigchen von dem Schafte in einem spitzigen Winkel ab und umkleiden den Stamm ganz dicht. Die Rinde ist, wie bei P. Alcockiana, dunkelgrau und weiss gefleckt und hat dicke Borkenschuppen. Das beste Kennzeichen dieses Baumes ist, dass die Nadeln fast dreieckig, etwas gebogen scharf zugespitzt sind und recht grosse Kissen besitzen, und da, wo die Zweige sich gabeln, befinden sich zahlreiche Quirlknospen. Die Zapfen sind ebenso gross, wie die von A. firma.

Forstlich ist dieser Baum von keiner Bedeutung; seine technische Eigenschaft ist gleich der von Picea Alcockiana.

Anatomischer Bau.

Bezüglich des anatomischen Baues lässt sich kein Unterschied zwischen diesem Holze und dem von P. Alcockiana bemerken. In diesem Holze findet man ausnahmsweise solche Tracheiden, welche mit gehöften Tipfeln versehene Querwände besitzen, also gefächert sind. Dies kommt höchst wahrscheinlich davon, dass die Enden der zwei gegenseitig sich einkeilenden Tracheiden abgestumpft sind und an diesen an einander stossenden Wänden sich Tipfel bilden; denn die in der Nähe befindlichen Tracheiden besitzen diese Querwände meist in schräger Richtung und auch fast in lothrechter Richtung. Diese eigenartige Erscheinung kann nur eine zufällige Abnormität sein, die bei meiner Untersuchung nur an einer Stelle sich aufweisen liess.

XVIII. Larix leptolepis (Karamatsu).

Die südliche Grenze des Verbreitungsgebietes liegt etwa unterm 34° n. Br.; von hieraus nordwärts zieht sie sich allmählich in die Niederungen zurück. Sie kommt in der Abies-Zone vor, angepflanzt auch bis zur Kiefernzone mit günstigem Gedeihen. Ihr äusseres Ansehen ist ziemlich ähnlich dem der in Europa einheimischen Larix europaea, nur mit dem Unterschiede, dass Larix leptolepis noch kräftigere Beastung hat, als L. europaea, somit ihre Zweige nicht eine herabhängende Stellung haben wie die der letzteren. Auf ihr zusagendem Standorte erreicht sie eine Höhe von 30 m, einen Umfang bis 4 m.

Forstlich spielt sie eine grosse Rolle, sie wird meist künstlich verjüngt.

Das Holz hat einen schmalen, gelblichweissen Splint, rothbraunen Kern, schmale Jahresringe, scharf begrenzte dunkelbraune Herbstzone, deutliche Harzkanäle, ist glänzend, schwer, leicht spaltbar. Die Markstrahlen sind deutlich.

Es ist ein dauerhaftes Holz, welches beim Grossbau und zu kleinen Waaren benützt wird, besonders wird es gesucht zu unterirdischen Bauten.

Anatomischer Bau.

Dem Bau nach hat dieses Holz eine grosse Aehnlichkeit mit dem der oben beschriebenen Fichtenarten, so dass man keinen Unterschied hierin aufzufinden im Stande ist. Doch findet man bei der japanischen Lärche den Uebergang des Frühjahrsholzes ins Herbstholz sehr plötzlich, während derselbe bei den Fichtenhölzern ein ziemlich allmählicher ist; ausserdem haben die Zellen deutliche Streifung und sind in der Herbstschichte so dickwandig, dass die Innenräume der äussersten Zellen fast als Linien verschwinden.

Sehr selten findet man bei diesem Holze, dass ein Markstrahl theils aus Parenchym, theils aus Tracheiden besteht (Fig. 15 *qq*). In diesen Fällen befinden sich an den Seiten der Quer-Scheidewände, wo das Parenchym anliegt, einfache Tipfel, und an der anderen Seite, wo Tracheiden anstossen, gehöfte Tipfel, wie sie die Tipfelbildung der Grenzwände von Tracheiden und Parenchym der Längsrichtung gewöhnlich zeigt.

In diesem Holze finde ich bei der Kreuzung der lothrechten und horizontalen Harzkanäle (Markstrahlenharzkanäle), dass die Grenzwand der beiden sehr zart und theilweise resorbirt ist, damit das Terpentinöl von einem Kanal in den andern hinein kann. Dieselbe Communication zweier kreuzenden Harzkanäle wird wohl bei den anderen Holzarten, wie Kiefern- und Fichtenarten vorhanden sein; leider habe ich keinen solchen Schnitt von den letzteren erhalten, worin ich diese Construction hätte betrachten können.

XIX. Pinus massoniana (Omatsu).

Sie kommt in ganz Japan vor, vom südlichen Theile, wo die brennende Sommerdürre herrscht, bis zur nördlichen Gegend mit strenger Winterkälte, also von dem wintergrünen Laubholzgebiete bis zur unteren Grenze der Cypressenzone; jedoch nimmt die Energie ihrer Längenentwickelung mit dem Fortschreiten gegen Norden ab, schon vom 37° n. Br. nordwärts bemerkt man beträchtliche Abnahme des Schaftwachsthums und Zunahme des Astwachsthums. Der Schaft ist ziemlich geradwüchsig, hat sehr stark entwickelte Aeste, welche im geschlossenen Bestande eine spindelförmige Krone bilden.

Die Rinde ist dunkelgrau, mit grober Schuppenborke bis zum obersten Theile des Schaftes. Ueberhaupt hat dieser Baum eine täuschende Aehnlichkeit mit der in Europa einheimischen Kiefer Pinus austriaca. Auf richtigem Standorte erreicht sie eine Höhe bis 30 m und einen Umfang von 4—5 m.

Forstlich spielt dieser Baum eine grosse Rolle wegen seiner Anspruchlosigkeit an den Standort, seiner Schnellwüchsigkeit, seiner Billigkeit des Anbaues und seiner grossen Verwendungsfähigkeit; er nimmt auf Dünensandboden die grösste Waldfläche ein. Die Verjüngung geschieht theils künstlich, theils natürlich.

Das Holz hat einen breiten, gelblichrothen Splint, bräunlichrothen Kern, ist geradefaserig, hart und stark nach Harz riechend. Die kleinen Harzkanäle treten als weisse Pünktchen deutlich hervor, besonders im Herbstholze. Die Herbstzone zeigt ziemlich allmählichen Uebergang in die Frühjahrszone. Die Markstrahlen sind deutlich.

Das Holz hat sehr ausgedehnte Verwendung bei allen Bauten sowohl, als bei den kleinsten Waaren. Auch wird es als Brennmaterial benutzt und bei der Porcellanfabrikation wird fast allein dieses Holz gebraucht.

Anatomischer Bau.

Das Holz besteht nur aus Tracheiden, hat Harzkanäle in lothrechter sowie auch in horizontaler Richtung. Die Zellen sind sehr dickwandig, von rundlichem Querschnitt mit deutlicher Mittellamelle und Streifung. Die Tipfelbildung an der Tangentialwandung des Herbstholzes und an der Radialwand des Frühjahrsholzes ist sehr zahlreich und kommt in dem letzteren nicht selten sogar zweireihig vor. Die Harzkanäle (Fig. 20 *aa*) treten mehr im Herbstholze auf. Sie haben gewöhnlich zweireihige, recht dünnwandige Auskleidungszellen (Fig. 20 *dd*). Unter diesen Zellen kommen auch hie und da dickwandige vor.

Die Markstrahlen bestehen aus Tracheiden (Fig. 20 *ii*) und Parenchym (Fig. 20 *gg*), sind mehrzellig und einreihig, wenn darin kein Harzkanal vorkommt. Die Tracheiden finden sich in der Regel nur als die äusseren Zellreihen der Markstrahlen 1—3 neben einander und haben stark zackig verdickte Wandungen; besonders an der Stelle, wo ein Tipfel sich befindet, tritt die Verdickung hornartig mit zwei scharfen Spitzen hervor

(Fig. 20 *l*). Die Parenchymzellen haben stets glatte Wände, fast wie Löcher aussehende, grosse, augenlidförmige Tipfel (Fig. 20 *n*), welche, von rechts nach links geneigt, 1—3 in einer Zellweite liegen. Alle Grenzwände des Parenchyms und der Tracheiden haben einerseits einfache, andererseits gehöfte Tipfel (Fig. 20 *m*). Es giebt auch wenigzellige Markstrahlen, welche nur aus Tracheiden bestehen, aber niemals solche, die nur aus Parenchym zusammengesetzt sind. Alle Parenchymzellen der Markstrahlen, welche unmittelbar an einem Harzkanal vorbeistreichen, haben zarte Wände, während die anstossenden Tracheiden in den meisten Fällen dickwandig bleiben. Sowohl Harzkanäle wie auch Markstrahlen enthalten Harzkörper stets in reichlicher Menge.

Dem anatomischen Bau nach kann dieses Holz möglicher Weise nur mit P. densiflora verwechselt werden. Der Unterschied zwischen diesen beiden aber wird weiter unten angegeben werden.

XX. Pinus densiflora (Mematsu).

Sie ist ebenfalls eine Bewohnerin des Dünensandes, kommt überall, im Süden wie auch im Norden, vor, doch sagt ihrem besten Gedeihen mehr die nördliche Hälfte des Landes zu; sie bildet also gewissermassen die Fortsetzung von Pinus massoniana gegen Norden. Die Kronengestalt und Beastung derselben sind ebenso wie bei der in Europa heimischen P. silvestris; bei P. densiflora ist die Rinde ebenfalls am unteren Theile schwarzbraun, grobe Schuppenborke zeigend, am oberen Theile des Schaftes und an schwachen Aesten dagegen ist sie röthlich und löst sich in dünnen Schuppen ab.

Forstlich ist sie ebenso von grosser Bedeutung wie P. massoniana.

Die technischen Eigenschaften dieses Holzes sind fast gleich denen von P. massoniana; nur findet man bei jenem die Grenzen des Herbstholzes schärfer und die Harzkanäle zahlreicher und grösser, als bei P. massoniana. Die technische Verwendung ist die gleiche wie von P. massoniana.

Anatomischer Bau.

Das Holz dieser Kiefer lässt sich anatomisch von Pinus massoniana nur durch die Verdickungsweise der **Markstrahlen** unterscheiden. Bei P. densiflora ist nämlich die Verdickung (Fig. 19 *a*) an den Spitzen mehr stumpf, als bei P. massoniana (man vergleiche Fig. 19 und 20). Ausserdem bemerkt man noch an der Längswand, wie auch an der Querwand, hier und da einen dem Tipfel ähnlich aussehenden linsenförmigen Raum (Fig. 19 *b*), was bei P. massoniana nicht vorkommt.

XXI. Pinus parviflora (Goyohmatsu).

Sie bewohnt meist die Cypressen- und Abies-Zone der Gebirge, ihre horizontale Verbreitung ist mir unbekannt. Die Beastung, Kronenbildung und Benadelung hat eine grosse Aehnlichkeit mit Pinus Strobus. An der Rinde bemerkt man aber einen Unterschied darin, dass P. parviflora wie P. densiflora an den oberen Theilen ihres Stammes und an schwachen Aesten röthliche dünne Schuppenborke hat. Auf richtigem Standorte erreicht sie eine Höhe bis 20 m.

Forstlich ist sie von geringer Bedeutung, bildet mehr einen Zierbaum in Parken, Gärten u. s. w.

Das Holz hat gelblichweissen Splint und gelblichrothen Kern, ist breitringig und weich. Die Markstrahlen und Harzkanäle sind deutlich.

Technische Verwendung findet es als Brettwaare zu verschiedenen Zwecken. Die Güte desselben steht der von P. massoniana und P. densiflora weit nach.

Anatomischer Bau.

Das Holz besteht ebenfalls nur aus Tracheiden. Im Vergleich mit P. massoniana und P. densiflora*) sind die Zellen dieses Holzes dünnwandig, mit ziemlich raschem Uebergang vom Frühjahrsholze ins Herbstholz. Was den Bau der Harzkanäle betrifft, so sind die Auskleidungszellen grösser wie bei P. massoniana und P. densiflora und haben unregelmässige Gestalt, so dass der eigentliche Kanal, bald in der Mitte, bald seitwärts gedrängt, einen kleinen Raum einnimmt, ja oft ist derselbe schwer zu erkennen. Auch sind die 2—3reihigen Nebenzellen dünnwandig; diese liegen in der Regel nicht in der Peripherie des Harzkanales, sondern unregelmässig, bald an dieser Seite, bald an einer anderen so, dass der Harzkanal, im Querschnitte betrachtet, keinen kreisförmigen Raum bildet.

Die Markstrahlen (Fig. 21) bestehen aus Tracheiden (Fig. 21 *aa*) und Parenchym (Fig. 21 *bb*); die ersteren sind sehr spärlich, kommen bis zu Zweien an den äusseren Reihen der Markstrahlen vor und dieselben haben so wie ihre Scheidewände (Fig. 21 *d*) stets keine Verdickung. Dagegen sind die Parenchymzellen immer knotenartig sehr stark verdickt (Fig. 21 *e*). Die Scheidewände derselben sind aber glatt. Die gehöften Tipfel der Tracheiden

---

*) Es ist hier zu bemerken, dass 2 Arten von fünfnadeligen Kiefern die Benennung Pinus parviflora haben und die eine soll nur eine Varietät der andern sein. Die eine von diesen beiden bewohnt aber nur die höchste Waldregion der Gebirge, wo alpine Pflanzen ihre Heimath finden und erwächst dort sehr krumm, theilt sich in dicke Aeste, welche über der Erdoberfläche kriechend sich verbreiten. Was ich hier beschrieben habe, gilt für die geradewüchsige von diesen.

und die augenlidförmigen Tipfel der Parenchymzellen liegen von links nach rechts gewendet. Dieses Holz kann man von Pinus massoniana und Pinus densiflora am besten dadurch unterscheiden, dass seine Markstrahlen verdickte Parenchymzellen und glatte Tracheiden haben, während die beiden letztgenannten Holzarten umgekehrt glatte Parenchymzellen und verdickte Tracheiden besitzen.

XXII. Pinus koraiensis (Tiosenmatsu).

Ihre Verbreitungs- und Wachsthumsverhältnisse sind mir unbekannt; diejenigen, welche ich bis jetzt gesehen habe, waren nur kleine, kaum 8 m hohe Exemplare in Parken und Gärten. Wegen ihrer schönen weissgefleckten Nadeln wird sie als Zierpflanze geschätzt.

Das Holz hat eine schmutzig gelblichrothe Farbe, breite Jahresringe. Die Herbstschichte ist sehr breit, gegen die Frühjahrsschichte allmählich verschwindend. Die Harzkanäle treten recht zahlreich, besonders an der Grenze der Frühjahrs- und Herbstzone auf. Dieselben sind verhältnissmässig gross, bald weiss, bald schwarzbraun. Auch kommen sie mehrere zusammen der Herbstschichte entlang einen Kreis bildend vor. Die Markstrahlen sind deutlich.

Anatomischer Bau.

Dem Bau nach ist dieses Holz sehr verwandt dem von P. parviflora und von diesem lässt es sich nur durch die Verdickungsweise der Markstrahlen unterscheiden. Hier haben die Parenchymzellen (Fig. 22 *cc*), so wie auch deren Scheidewände (Fig. 22 *e*) recht starke knotenartige Verdickungen, während bei P. parviflora die Parenchymzellen nur stellenweise verdickt und deren Scheidewände stets glatt sind; man vergleiche Fig. 21 und 22. Ausserdem sind hier die Tracheiden (Fig. 22 *aa*) noch zahlreicher vertreten, wie bei P. parviflora, und man findet hier und da auch Tracheiden zwischen den Parenchymzellen liegen.

Wenn ich nun zum Schlusse diese 22 Nadelhölzer nach den einzelnen Merkmalen zum Behufe der leichteren Analyse ordne, so ergeben sich folgende Abtheilungen und Gruppirungen, welche uns eine klare Uebersicht gewähren, und mit Hilfe der vorausgehenden Beschreibung wird man keine Schwierigkeit finden, irgend ein Holz, trotz des häufig fast gleichartigen anatomischen Baues, zu bestimmen.

I. Abtheilung.

Nur aus Tracheiden bestehende Hölzer.

1. Gruppe. Ohne Harzkanäle.

a. Markstrahlen nur aus Parenchym.

1. Taxus cuspidata. 2. Torreya nucifera. 3. Abies Veitchii. 4. Abies firma.

b. Markstrahlen aus Tracheiden und Parenchym.

5. Abies Tsuga.

2. Gruppe. Mit Harzkanälen.

a. Markstrahlen nur aus Parenchym.

6. Abies firma. 7. Ginko biloba (Harzkanal nur im Markkörper).

b. Markstrahlen aus Parenchym und Tracheiden.

8. Picea Alcockiana. 9. Picea polita. 10. Larix leptolepis. 11. Pinus massoniana. 12. Pinus densiflora. 13. Pinus parviflora. 14. Pinus koraiensis.

II. Abtheilung.

Aus Parenchym und Tracheiden bestehende Hölzer, ohne Harzkanäle und Markstrahlen nur aus Parenchym.

a. Markstrahlenparenchym mit scheinbar gehöfter Tipfelbildung.

15. Chamaecyparis obtusa. 16. Chamaecyparis pisifera. 17. Podocarpus macrophylla. 18. Juniperus sinensis. 19. Thujopsis dolabrata.

b. Markstrahlenparenchym mit einfacher Tipfelbildung.

20. Thujopsis laetevirens. 21. Cryptomeria japonica. 22. Sciadopitys verticillata.

Erklärung der Figurentafeln.

Tafel II.

Fig. 1. Radialschnitt durch das Holz von Taxus cuspidata. *aa* Frühjahrsholz, *bb* letzte Herbstholztracheide. *cc* Markstrahl mit den Zellscheidewänden *i*. *dd* Markfleck oder Parenchymzellnest mit Plasmainhalt *m* und Harztropfen *n*. *o* spiralige Verdickung der Innenwand der Tracheiden. *p* gehöfter Tipfel des Frühjahrsholzes. *e* gehöfter Tipfel des Herbstholzes. Vergr. $^{150}/_{1}$.

Fig. 2. Markstrahltipfel von Fig. 1 stärker vergrössert; der äussere linsenförmige Raum ist der Tipfel der Markstrahlparenchymzelle, der innere, spaltenförmige ist jener der anstossenden Tracheide.

Fig. 3. Radialschnitt des Holzes von Torreya nucifera. *a* spiralige Verdickung. *b* gehöfte Tipfel der Tracheiden. Vergr. $^{150}/_{1}$.

Fig. 4. Markstrahl von Podocarpus macrophylla. *a* Tipfelbildung. *b* Querscheidewand. Vergr. $^{240}/_{1}$

Fig. 5. Markstrahl von Chamaecyparis pisifera. Vergr. $^{240}/_{1}$.

Fig. 6. „ „ Belis lanceolata. Vergr. $^{240}/_{1}$.

Fig. 7. „ „ Juniperus sinensis. Vergr. $^{240}/_{1}$.

Fig. 8. Radialschnitt des Holzes von Chamaecyparis obtusa. *aa* Parenchymzellen des Frühjahrsholzes. *h* und *k* Querwände derselben. *bb* Tracheiden. *gg* Markstrahl. *e* gehöfter Tipfel. Vergr. $^{150}/_{1}$.

Tafel III.

Fig. 9. Radialschnitt des Holzes von Ginko biloba. *aa* grosse Tracheide mit 2 Reihen gehöfter Tipfel. *bb* kleine Tracheiden mit 1 Reihe von Hoftipfeln. *kk* kleine Tracheide mit Plasma (*h*) erfüllt. *cc* gefächerte kleine Tracheiden mit Stärkemehlinhalt und glatten Querwänden. *dd* desgl. grosse Tracheiden mit gehöft-getipfelten Scheidewänden *g*. Vergr. $^{150}/_{1}$.

Fig. 10. Markstrahl von Cryptomeria japonica. Vergr. $^{240}/_{1}$.

Fig. 11. „ „ Thujopsis laetevirens. *bb* Parenchymzellen mit einfachen Tipfeln. *cc* Parenchymzellen mit gekreuzten Tipfeln. Vergr. $^{240}/_{1}$.

Fig. 12. Querschnitt des Holzes von Ginko biloba. *a* grosse Tracheiden. *b* dünnwandige Zelle mit einem Krystall. *dd* Markstrahlen. *m* Parenchymzellen. Vergr. $^{150}/_{1}$.

Fig. 13. Markstrahl von Sciadopitys verticillata, bei *a* Tipfelbildung im Herbstholze. *c* Scheidewände zwischen den Zellen. Vergr. $^{240}/_{1}$.

Fig. 14. Markstrahl von Thujopsis dolabrata. *a* Querwand. *b* Tipfelbildung der Zellen. Vergr. $^{240}/_{1}$.

Tafel IV.

Fig. 15. Radialschnitt durch das Holz von Picea Alcockiana. *ab* Harzkanal. *cc* Auskleidungszellen, leer und dickwandig. *h* und *i* dünnwandige, plasmahaltige Zellen. *dd* Parenchymzellen mit Querwand *m*. *kk* Tracheiden des Markstrahls mit Scheidewänden r. *qq* halb aus Tracheiden, halb aus Parenchymzellen gebildete Markstrahlzellreihe *pp*. Parenchymzellen mit den Querwänden *n*. Vergr. $^{150}/_{1}$.

Fig. 16. Querschnitt des Holzes von Abies firma *aa* Harzkanäle mit den Auskleidungszellen *bb* anhängendem Harze. Vergr. $^{150}/_{1}$.

Fig. 17. Markstrahl von Abies Tsuga. *aa* Tracheide. *bb* Parenchymzelle mit Querwand *c*. Vergr. $^{240}/_{1}$.

Fig. 18. Markstrahl von Abies Veitchii. *a* Querwand der Parenchymzellen. Vergr. $^{240}/_{1}$.

Tafel V.

Fig. 19. Markstrahl von Pinus densiflora. *dd* Tracheiden. *cc* Beginn der Parenchymzellen mit linsenförmigen Intercellularräumen. Vergr. $^{240}/_{1}$.

Fig. 20. Längsschnitt durch das Holz von Pinus maritima. *aa* Harzkanal mit zarten Auskleidungszellen *dd*. *ii* Markstrahl. *mn* Tipfelbildung. Vergr. $^{150}/_{1}$.

Fig. 21. Markstrahl von Pinus parviflora. *aa* Tracheiden. *bb* Parenchymzellen. *f* Querwände. Vergr. $^{240}/_{1}$.

Fig. 22. Markstrahl von Pinus koraiensis. Markstrahlzellen bei *a* Tracheiden. *c* Parenchymzellen. *e* Querwände. Vergr. $^{240}/_{1}$.

Zur Lehre von der Wasserbewegung in transpirirenden Pflanzen.

Von **Dr. Robert Hartig.**

Nachdem ich im vorigen Hefte die Ergebnisse meiner Untersuchungen über die Vertheilung der organischen Substanz, des Wassers und Luftraumes in den Bäumen veröffentlicht und die Schlussfolgerungen gezogen hatte, die sich für die Lehre von der Wasserbewegung in transpirirenden Pflanzen daraus ergeben, kam es mir darauf an, die noch nicht direct entschiedene Frage über den Holztheil, in welchem das Wasser aufwärts wandert, durch weitere Versuche zu beantworten.

Ich hatte in der Grösse und im Wechsel des Wassergehaltes der jüngeren und älteren Holztheile der Bäume indirecte Anhaltspunkte zur Beurtheilung dieser Frage gesucht*) und war zu folgenden Resultaten gekommen.

Bei der Birke erfolgt die lebhaftere Wasserströmung wahrscheinlich im Splinte, während die älteren Holztheile mehr ein Wasserreservoir für Zeiten der Noth bilden, ohne ihre Wasserleitungsfähigkeit ganz zu verlieren.

Für die Rothbuche nahm ich ein ähnliches Verhalten an, obgleich die älteren Holztheile weit wasserärmer sind, als das Splintholz.

Der Wassergehalt des Eichenkernholzes ist zwar in der Regel grösser, als der des Splintes; da aber wesentliche Veränderungen nur in letzterem auftreten, so nahm ich an, dass die Wasserleitung auf den Splint beschränkt bleibe, der Kern nur untergeordnet oder gar nicht dabei betheiligt sei.

Bezüglich der drei Nadelholzarten (Fichte, Kiefer, Lärche) schloss ich aus der Thatsache, dass das Kernholz zu jeder Jahreszeit völlig oder doch fast ganz frei von flüssigem Wasser ist, während der Splint ungemein viel Wasser führt, dass die Saftleitung unter normalen Verhältnissen auf den Splint beschränkt bleibe.

*) Untersuchungen II. Seite 27 f.

Ich hielt nur die Frage für unentschieden, ob nicht in aussergewöhnlichen Fällen, wenn nämlich die Leitung im Splinte unmöglich gemacht werde, der Kern wieder an der Saftleitung theilzunehmen vermöge.

Um nun Klarheit über diese Verhältnisse zu erlangen, führte ich die nachstehend zur Mittheilung gelangenden Versuche aus, die unerwartet auch zu einer hochinteressanten Bestätigung meiner Auffassung der Ursache der Wasserbewegung führten.

Diese Versuche wurden in folgender Weise zur Ausführung gebracht:

1. Zwei Birken von ca. 12 m Höhe und 15 cm Brusthöhendurchmesser aus demselben Bestande, aus welchem die Versuchsstämme der früheren Untersuchungen *) entnommen waren, schnitt ich am 19. August d. J. mit der Säge bei 1.3 m Höhe über dem Boden ringsherum bis auf 3.5 cm tief ein, so dass die durchschnittene Stammquerfläche etwa 0.7, der nicht durchschnittene Theil, der für die Saftleitung verblieb, 0.3 der ganzen Querfläche ausmachte.

Am 29. August, also 10 Tage später wurde ein Stamm gefällt und liess sich zu dieser Zeit nicht die geringste Veränderung an der Belaubung erkennen. Der zweite Stamm wurde am 22. September, also 34 Tage nach dem Einschneiden gefällt, und zeigte derselbe ebenfalls noch nicht die geringste Veränderung der Belaubung im Vergleich zu den Nachbarbäumen.

Die Untersuchung der gefällten Bäume wurde in derselben Weise, wie bei meinen früheren Untersuchungen **) durchgeführt, und muss ich auf diese verweisen. Die Resultate sind in den später folgenden Tabellen zusammengestellt. Es war nur nothwendig, an Stelle der einen Versuchsscheibe bei 1.3 m Höhe zwei zu entnehmen, eine auf 1.1 m Höhe, also 0.2 m unterhalb des Einschnittes und die zweite bei 1.5 m, also 0.2 m oberhalb desselben.

2. Drei Rothbuchen aus der Oberförsterei Grafrath unter ganz analogen Standortsverhältnissen, wie denjenigen des Starnberger Reviers bei Planegg, woselbst die Rothbuchen bei den früheren Untersuchungen entnommen waren, wurden am 18. August bei 1.5 m Höhe ringsherum bis zu 8 cm Tiefe eingeschnitten, so dass bei einem Durchmesser von 32 cm des am 25. September gefällten Probestammes 0.75 der Stammquerfläche durchschnitten und nur 0.25 des Kernes für die Saftleitung übrig geblieben waren.

Am 25. September, also 38 Tage nach dem Einschneiden war an den Stämmen noch nicht die geringste Veränderung in der Belaubung zu erkennen, und liess ich zwei Stämme zunächst stehen, um deren ferneres Verhalten zu beobachten.

---

*) Untersuchungen II. Seite 3.

**) Untersuchungen II. Seite 6—21.

3. Zwei Eichen aus demselben Bestande bei Planegg, aus welchem die früheren Untersuchungsstämme entnommen waren, wurden am 19. August 2 cm tief ringsherum durch den Splint bis in den Kern eingeschnitten. An den 17 resp. 20 cm dicken Stämmen war somit 0.4 der Stammquerfläche durchschnitten; der 0.6 der Querfläche einnehmende Kern blieb für die Saftleitung. Schon am 26. August, also 7 Tage später, zeigte die eine Eiche fast völlig vertrocknetes Laub. Nur einige Blätter waren noch grün. An den jüngeren Zweigen war die innere Rinde gebräunt, während an älteren Holztheilen die Rinde zwar in der Farbe unverändert war, aber auffällig trocken erschien. Dieser Stamm wurde am 26. August gefällt. Der zweite Stamm, bei welchem am 26. August noch etwa 10 % der gesammten Laubmenge grün war, blieb bis zum 22. September stehen. Es waren an diesem Tage nicht nur alle Blätter vertrocknet, sondern auch die schwächeren Zweige im unteren Theile der Krone so trocken und spröde, dass sie mit Leichtigkeit zerbrachen. Nur in der äussersten Spitze der Krone zeigten einige Zweige noch theilweise grüne Aussenrinde und einige Elasticität. Die Untersuchung ergab, dass diese Eiche einen ungewöhnlich breiten Splint besass, so dass an einer Seite der Sägeschnitt nicht ganz bis auf das Kernholz gegangen war.

4. Drei Fichten von ca. 100jährigem Alter, 48 cm Stammdurchmesser und ca. 33 m Höhe, wurden am 15. Juli im Reviere Grafrath 10 cm tief eingeschnitten, so dass der wasserreiche Splint völlig durchschnitten war. Die durchschnittene Stammquerfläche betrug etwa 0.66, der Kern 0.33 der ganzen Kreisfläche.

Am 15. August, d. h. 31 Tage später liess ich den ersten Stamm fällen, und es zeigte sich dabei, dass die letzten Triebe auffallend welk, die jungen, unfertigen Zapfen vertrocknet waren. Die Cambialzone der Gipfeltriebe bis 0,5 m abwärts war abgestorben und gebräunt.

Am 25. September, mithin 72 Tage nach dem Einschneiden liess ich den zweiten Baum fällen. Wenn auch die Benadelung noch bis zum Gipfel völlig grün war, so zeigten sich doch die Knospen in der oberen Hälfte der Baumkrone völlig vertrocknet und die Rinde des Gipfels bis $3^1/_2$ m abwärts war ebenfalls braun und trocken. Der ganze Stamm bis unten zeigte zahlreiche frische Anfluglöcher von Borkenkäfern.

Der dritte Stamm ist am 1. October vom Sturmwinde geworfen worden. Vom Gipfel bis zu etwa 17 m Höhe abwärts war die Rinde todt, dann kam eine Region, in welcher braune Flecken im lebenden Rindengewebe auftraten und weiter unten war dieselbe noch ganz gesund. Die dem obersten Gipfel von $3^1/_2$ m Länge entspringenden Zweige hatten an den letztjährigen Trieben bereits die Nadeln verloren. Die tieferstehenden Quirläste zeigten nur an der Basis eine braune Rinde, während sie sonst noch grün waren.

Von diesem letzten Stamme wurde nur der Wassergehalt der lebenden Rinde im unteren Baumtheile untersucht bis aufwärts zu der Region, in welcher das Absterben stellenweise schon durch Bräunung sich zu erkennen gab.

Es sei noch erwähnt, dass schon an dem zuerst (15. August) gefällten Baume der unterhalb des Schnittes befindliche Stammtheil durch das Mycelium des Ceratostoma piliferum im Splinte so arg blau gefärbt war, dass es nur eben noch gelang, nahe unter der Abhiebsstufe an einer Stelle ein pilzfreies Probestück auszuspalten. Der am 25. September gefällte Baum war vom Schnitt abwärts so von Pilzmycel durchwuchert, dass es nicht einmal gelang, bei 0.5 m Höhe ein völlig pilzfreies Probestück zu gewinnen.

Bevor ich zur Darstellung der Untersuchungsresultate übergehe, möge es mir gestattet sein, mit wenigen Worten auf die Resultate der in Heft II mitgetheilten Untersuchungen zurückzukommen.

Inwieweit ich über den Holztheil, in welchem die Saftbewegung erfolgt, indirecte Schlüsse zu ziehen mich berechtigt sah, habe ich schon oben angeführt. Ueber die Organe des Holzkörpers, in welchen die Saftleitung erfolgte, konnte ich nur mit Bestimmtheit die bekannte Thatsache recapituliren, dass die Tracheiden jedenfalls, bei Nadelhölzern allein, dabei betheiligt seien; ob auch die ächten Gefässe der Laubhölzer für gewöhnlich Saft führen, liess ich unentschieden; der Umstand, dass das gefässreiche Eichenholz relativ sehr luftreich ist, schien mir dieser Annahme nicht günstig zu sein. Aus den Untersuchungen hatte sich ergeben, dass im leitenden Holzkörper zu jeder Jahreszeit das Lumen der Organe reichlich mit flüssigem Wasser erfüllt sei, ja dass bei der Fichte das Verhältniss zwischen Wasser und Luft im Inneren der Tracheiden im ungünstigsten Falle sich wie 69.9 : 30.1 verhält, oder rund nie unter 70 % des Zelllumens einnimmt. Dabei ist noch angenommen, dass die Substanz der Zellwände mit Wasser vollgesättigt ist, also z. B. bei der Fichte 60 % des Trockenvolumens an Wasser in sich aufgenommen habe. Es wurde ferner darauf hingewiesen, dass bei Rothbuche, Fichte und Kiefer zu jeder Jahreszeit der Wassergehalt des Splintes von unten nach oben zunehme. Beide Thatsachen führten nothwendigerweise dahin, die Imbibitionstheorie, die ja fast die Alleinherrschaft sich errungen hatte, fallen zu lassen. Bei der grossen Leichtigkeit, mit welcher sich nach der Imbibitionstheorie das Wasser in den Holzwandungen verschieben soll, ist es geradezu undenkbar, anzunehmen, dass die Wandungen wasserarm, also relativ so trocken werden, dass dadurch eine grosse Anziehungskraft zu Wasser frei wird, während dieselben vom Zelllumen aus mit Wasser bespült werden.

Dahingegen stellten sich die erlangten Resultate sehr günstig zu der sogen. Gasdrucktheorie, nach welcher die verschiedene Lufttension im Inneren des Holzes eine Saugkraft entstehen lässt, welche zu einem Aufwärtssteigen des Wassers im Innern der Organe führt.

Ich hatte durch den Vergleich der Raumverhältnisse des Wassers und Luftraumes im Inneren der Organe gefunden, dass unter der Annahme, dass der wasserreichste Zustand des Baumes dem Zustande sich nähere, in welchem die Binnenluft die Dichtigkeit der Atmosphäre zeigt, mit jeder durch prävalirende Transpiration bedingten Wasserabnahme die Luft im oberen Baumtheile sich weit mehr (zuweilen bis auf $^1/_4$ des Atmosphärendruckes) verdünne, wie in tieferliegenden Baumtheilen.

Durch die nachgewiesene von unten nach oben zunehmende Luftverdünnung müsse eine Saugkraft entstehen, die, nach oben an Intensität zunehmend, als die wichtigste Ursache der Wasserbewegung zu betrachten sei. Ich hatte sodann gefunden, dass das Verhältniss zwischen Luft und Wasser nicht nur bei jeder Holzart ein verschiedenes ist, sondern auch, selbst volle Sättigung vorausgesetzt, bei derselben Holzart in den verschiedenen Baumtheilen, insbesondere Baumhöhen ungemein differirt. Bei vollster Sättigung steigt der Wassergehalt der Birke, Buche, Fichte und Kiefer von unten nach oben, d. h. oben befindet sich im Lumen der Organe thatsächlich weniger Luft, als weiter unten im Baume. Es erklärt sich daraus die an sich zunächst auffällige Thatsache, dass der Wassergehalt dieser Bäume oben in gewissen Jahreszeiten erklecklich grösser ist, als unten, trotzdem die Lufttension oben bedeutend geringer ist, und somit eine kräftige Saugung erfolgt. Nicht die Grösse des Luftraumes an sich giebt einen Massstab zur Beurtheilung der Lufttension, sondern nur der Vergleich des Luftraumes in jeder Baumhöhe mit der Grösse des Luftraumes in demselben Holztheile zur Zeit der grössten Sättigung.

Ich hatte ferner gefunden, dass der wechselnde Wassergehalt der Bäume wesentlich bestimmt werde durch die Eigenthümlichkeiten im Wurzelbau, je nachdem die Wurzeln flachstreichende oder in die Tiefe gehende sind, ferner durch das frühere oder spätere Erwachen der vegetativen Thätigkeit, aus der grösseren oder geringeren Verdunstungsfähigkeit der Bäume im Sommer und Winter u. s. w.

Endlich hatte ich noch darauf hingewiesen, wie bestimmend für die Schnelligkeit der Wasseraufnahme aus dem Boden die Temperatur und der Feuchtigkeitszustand derjenigen Bodenschichten ist, in welcher sich die Bewurzelung der Bäume vorzugsweise entwickelt hat.

Den Process des Wassersteigens hatte ich unter Beifügung des umstehend wieder zum Abdruck gelangenden Holzschnittes (Fig. 1), welcher schematisch die leitenden Organe eines Nadelholzbaumes im Tangentalschnitte darstellt, in folgender Weise zu erklären versucht.

Nehmen wir zunächst an, dass die Pflanze in allen Theilen mit Wasser gesättigt sei, ein Zustand, der bei älteren Bäumen vielleicht niemals ganz erreicht wird, dann besitzt die Luft im Inneren der Tracheiden die Dichtigkeit der Atmosphäre. Sie wird für gewöhnlich den oberen Theil der Tracheiden einnehmen, während der übrige Theil mit Wasser (darin Nährstoffe gelöst) erfüllt ist. Das lockere Parenchym der Blätter, der Rinde u.s.w. verdunstet zumal in die Intercellularräume Wasser, welches durch die Spaltöffnungen entweicht. Daneben findet auch Verdunstung von der Oberfläche der Epidermiszellen direct nach aussen statt, jedoch in geringerem Masse. Der Transpirationsverlust der Zellwände und des Zellinhaltes der Parenchymzellen hat zur Folge, dass in ihnen eine lebhafte Anziehungskraft für Wasser frei wird, die sowohl in der Substanz der Zellwände, als im Plasma als Imbibitionskraft bezeichnet werden muss, wenn sie auch in Bezug auf das letztere Endosmose genannt werden kann. Das relativ wasserarme Blattzellgewebe kann Wasser nur beziehen aus den zarten Endigungen der Gefässbündel, deren Holzorgane auffallenderweise immer spiralig oder ringförmig verdickte Wandungen besitzen. Sowohl bei Laub- als bei Nadelholzpflanzungen sind es fast nur spiralig oder ringförmig verdickte Tracheiden, wie ich solche schematisch im oberen Theile der Figur dargestellt habe. Der allmälige Uebergang der spiralig-verdickten Tracheiden und Tracheen in getipfelte Tracheiden war in der schematischen Figur nicht wohl anders darzustellen, als geschehen ist. Die eigenartige

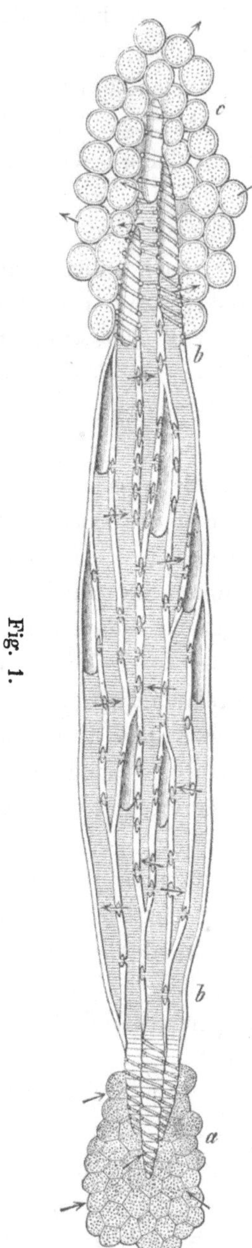

Fig. 1.

Schematische Darstellung einer Nadelholzpflanze. *a* Das die Wurzelspitze bekleidende Parenchym. *bb* Der aus Tracheiden zusammengesetzte Holzkörper im Tangentalschnitte. Die Tracheiden stehen scheinbar völlig regellos, d. h. in ungleicher Höhe, nebeneinander; ihr oberer Theil ist mit Luft, der untere mit Wasser erfüllt. Alle Leitungsorgane, welche mit dem Parenchym der Wurzel oder der Blätter in Berührung treten, zeigen spiralige Verdickung der zarten Wandung, so dass das Wasser durch die grossen dünnen Wandungsflächen leicht passiren, andererseits ein luftverdünnter Raum im Inneren entstehen kann. Die nachgebildeten leitenden Organe zeigen nur geschlossene Hoftipfel auf den Radialwänden, durch welche der Uebertritt des Wassers von den tiefer stehenden zu den höher stehenden Nachbartracheiden ermöglicht wird, wenn in letzteren die eingeschlossene Luft mehr verdünnt ist, als in den tieferstehenden. *c* Das Blattparenchym mit Intercellularräumen, welches aus den spiralig verdickten Tracheiden und Spiralgefässen das Wasser bekommt und durch Transpiration an die Luft abgiebt.

Verdickungsform dieser mit dem Parenchym in directe Berührung tretenden, saftleitenden Organe, die Thatsache, dass ring- und spiralförmig verdickte Wandungen saftleitender Organe eben nur da vorkommen, wo solche mit wasserbedürftigen (Blatt) oder wasserzuführenden (Wurzelspitze) Parenchymzellen in Contact treten, beweisen, dass ein ausgiebiger Wasseraustausch mit den Organen der Gefässbündel nur dann möglich ist, wenn die Wandung des Holzorganes eine möglichst grosse Fläche zarter, durchlässiger Schliesshaut besitzt. Eine noch so grosse Anzahl von Tipfeln würde nicht im Stande sein, schnell genug das Wasser aus dem Zelllumen den anliegenden Wandungen der Parenchymzellen zuzuführen oder umgekehrt in der Wurzelspitze aus dem wasserreichen Rindenparenchym in das Innere der leitenden Organe der Gefässbündelspitze aufzunehmen. Jene ring- oder spiralförmigen Verdickungsleisten der Wandung haben nur den Zweck, die Entstehung eines luftverdünnten Raumes im Inneren zu ermöglichen, ohne dass ein Collabiren der zarten Wandung eintritt. Dadurch, dass aus den letzten geschlossenen, ringförmig oder spiralig verdickten Tracheiden resp. Tracheen Wasser an die transpirirenden Blattzellen abgegeben wird, sinkt in ihnen der Wasserspiegel, vergrössert sich somit entsprechend der Luftraum und es entsteht eine Saugkraft, welche das Wasser aus den tieferstehenden Organen, woselbst es noch unter grösserer Lufttension steht, in die höheren Organe hineinzieht. Den Weg für diesen Filtrationsprocess bilden die Tipfel, die beim Nadelholz fast nur auf den Radialwänden stehen. Das Wasser passirt die zarte Schliesshaut der Tipfel. Wenn dieselbe in der Mitte scheibenförmig verdickt ist, wie ziemlich allgemein und in hervortretendster Weise bei den Laubholztipfeln zu erkennen ist, dann passirt das Wasser wahrscheinlich nur die zarte Haut im Umfange der Tipfelplatte und letztere dient dazu, als Sicherheitsventil vor die eine oder die andere Mündung des Tipfelkanals im Hofraume sich zu legen, wenn ein allzulebhafter einseitiger Druck die Gefahr mit sich führen könnte, die zarte durchlässige Schliesshaut zu zerreissen. Für die Annahme, dass es nur die Tipfel seien, welche den Filtrationsprocess des Wassers vermitteln, spricht die bekannte Thatsache, dass im Nadelholze fast nur innerhalb des Jahresringes d. h. nur in peripherischer Richtung eine Wasserbewegung erfolgt. Das Fehlen der Tipfel auf den Tangentalwänden verhindert auch die Filtration des Wassers in radialer Richtung. Das auf die letzten Tracheiden der Herbstholzzone localisirte Auftreten zahlloser Tipfel in den Tangentalwänden dient offenbar dazu, das Cambium aus dem Holzkörper mit Wasser zu versorgen. Wie empfindlich dasselbe einem Wassermangel gegenüber ist, werden wir noch bei Besprechung der neuen Untersuchungsergebnisse sehen. Bei dem Nadelholze kommt endlich noch der Umstand, dass die Tracheiden in radialer Richtung alle in gleicher Höhe neben einander stehen, als ein, die radiale Wasserbewegung störender Factor hinzu. Stünden alle Organe in gleicher Horizontalebene, bildeten mithin die wassererfüllten unteren und die lufterfüllten oberen Theile derselben Stockwerke übereinander, dann wäre eine Wasserbewegung nach oben unmöglich. Die in unserem Holzschnitte dargestellte Stellung der Organe im Tangentalschnitte ermöglicht die Bewegung in der durch Pfeile angedeuteten Richtung immer von einer Zelle zur nächst höheren Nachbarzelle.

Beim Laubholze haben wir bekanntlich keineswegs eine solche Beschränkung der Tipfelbildung auf die Radialwände der leitenden Organe, wie ja überhaupt Tracheiden und Sclerenchymfasern keineswegs so gleichmässig in radiale Reihen geordnet sind, wie die Organe des Nadelholzes. Sie schieben sich vielmehr regellos durcheinander und eine Verschiedenheit zwischen Radial- und Tangentalwänden ist kaum erkennbar. Die Tipfel kommen auf allen Seiten der Organe vor. Damit dürfte denn auch die Thatsache im Zusammenhang stehen, dass eine Wasserbewegung in der Richtung des Radius bei Birke und Buche mit der grössten Leichtigkeit vor sich geht, wie die Einsägungsversuche gezeigt haben, bei denen die ganze Wasserströmung durch den Kern des Baumes ging und oberhalb des Einschnittes in den Splint zurückkehrte.

Die früheren Untersuchungen ergaben, dass die Luftverdünnung im oberen Baumtheile auf 0.25 Atmosphärendruck herabsinken kann, während gleichzeitig im unteren Theile des Baumes die Lufttension 0.55 beträgt. Unten drückt die Luft also mit einer um mehr als das Doppelte stärkeren Kraft auf das Wasser, wie oben im Baume.

In dem Wurzelparenchym und in den Wurzelhaaren wirkt die osmotische Anziehungskraft des flüssigen Zelleninhaltes wasseraufnehmend und zwar um so energischer, je wärmer die umgebenden Bodenschichten sind. Es spricht letztere Thatsache in hohem Grade für die neuerdings aufgestellte Behauptung, dass die Ausscheidung des auf osmotischem Wege in das Wurzelparenchym eingedrungenen Wassers nach innen, d. h. zu den Gefässbündelspitzen eine Function des lebenden Protoplasmas sei. Alle physiologischen Processe in demselben werden ja durch höhere Temperatur beschleunigt und somit wird auch die Intensität des Wurzeldruckes, d. h. die Schnelligkeit der Wasseraufnahme von der Bodentemperatur in hohem Grade abhängig sein müssen. Ich habe im Einzelnen an den sechs zur Untersuchung gezogenen Holzarten darzuthun versucht, wie sich einerseits aus Temperatur und Feuchtigkeitszustand des Bodens, andererseits aus dem Vegetationszustande der Bäume, d. h. dem Zustande der Bewurzelung und der Belaubung und der dadurch bedingten Fähigkeit der Wasseraufnahme und Wasserverdunstung die Vertheilung von Wasser und Luftraum im Innern des Baumes erklärt.

Nach dieser orientirenden Zusammenfassung des Standpunktes in der Wasserleitungsfrage, zu dem ich auf Grund meiner früheren Versuche gelangt war, gehe ich zur Mittheilung der Resultate über, welche die zu Anfang dieses Artikels geschilderten Versuche ergeben haben. In den nachfolgenden Tabellen sind die Messungs- und Wägungsresultate der 7 gefällten Versuchsstämme ganz in derselben Form dargestellt, wie in Heft II an den 43 Probestämmen (Tab. 2—44).

Eine wiederholte Darstellung der Untersuchungsmethode muss hier unterbleiben und verweise ich auf Heft II, Seite 3—19, jedoch erscheinen einige Worte zur Erklärung der Tabellen nothwendig.

Spalte *a* giebt die Baumhöhen, in welchen die Versuchsstücke (Querscheiben, aus denen die Probestücke so ausgespalten wurden, dass Splint und Kern in demselben Verhältnisse zur Untersuchung kam, wie sie im Baum vorkommen) gewonnen wurden, vor dem Worte „Splint" in Metern. Der Durchmesser des Baumes ohne Rinde ist vor dem Worte „Holz" in Centimetern angegeben.

Spalte *b* bezeichnet den Holztheil, getrennt in „Splint" und „Kern" und da, wo beide wesentlich von einander verschieden sind, noch ein zwischen beiden liegendes Mittelstück, welches den reinen Splint vom reinen Kern trennt.

Bei der Eiche, bei der die Grenze zwischen Kern und Splint genau zu erkennen ist, besteht es fast nur aus Kern und enthält nur Spuren des Splintes.

Auf der mit „Holz" bezeichneten Linie stehen die für die ganze Querscheibe des Baumes gültigen Zahlen, die mithin nicht das arithmetische Mittel der darüber stehenden Zahlen sein können.

Spalte *c* giebt die durchschnittliche Jahrringsbreite der betreffenden Versuchsstücke.

Spalte *d* giebt das Gewicht an absolut trockener organischer Substanz (incl. Aschenbestandtheile), welches sich in 100 ccm Frischvolumen befindet.

Spalte *e* giebt das Volumen derselben Substanz im trockenen Zustande an, welches gefunden ist durch Division mit dem specifischen Gewicht der Holzsubstanz: 1.56.

Spalte *f* giebt das Volumen der mit Wasser gesättigten organischen Substanz.

Auf Grund eingehender Versuche wurde die Menge des Wassers, welche auf hygroskopischem Wege von der Substanz aufgenommen wird, also unter Ausschluss alles in den Leerräumen der Zellen enthaltenen Capillarwassers, für jede Holzart und getrennt für Splint und Kernholz festgestellt. Da das Volumen der trockenen Substanz um das Volumen des aufgenommenen Wassers sich vergrössern (quellen) muss, so liess sich aus den empirisch gefundenen Wassercapacitätsfactoren und den in Spalte *e* aufgeführten Zahlen das Volumen der gesättigten organischen Substanz berechnen.

Spalte *k* giebt den ganzen Wassergehalt des Holzstückes auf 100 Theile des Frischgewichtes, wie solcher aus der Gewichtsdifferenz im frischen und absolut trockenen Zustande (nach 4 × 24stündigem Trocknen der zuvor lufttrocken gemachten Stücke im Trockenkasten bei ca. 105 ° C.) resultirt.

Spalte *h* giebt den ganzen Wassergehalt auf 100 Volumentheile des Frischzustandes umgerechnet.

Spalte *i* giebt die Menge des Wassers an, welche übrig bleibt nach Abzug des in der organischen Substanz steckenden, zu deren Sättigung erforderlichen Wassers. Dieses Imbibitionswasser ergiebt sich aus der Differenz der Zahlen unter *f* und *e*. Das in Spalte *i* aufgeführte Wasser muss somit in flüssigem Zustande im Lumen der saftleitenden Organe sich befinden.

Spalte *g* giebt den Luftraum, der übrigbleibt, wenn man das Volumen der imbibirten Substanz um das flüssige Wasser vermehrt und beides von 100 abzieht.

Spalte *l* und *m* geben das specifische Gewicht der Holzstücke im ganz frischen und ganz trockenen Zustande.

Spalte *n* enthält schliesslich den Procentsatz, um welchen sich das ursprüngliche Frischvolumen vermindert hat durch den Process des Trocknens.

Die Tabelle 8 enthält eine Zusammenstellung, in welcher das Verhältniss des Wassers zum Luftraume in verschiedenen Baumhöhen und zwar nur für den Splint berechnet ist.

Die Zahlen geben mit anderen Worten an, wie viel Procente des Leerraumes des Holzkörpers mit flüssigem Wasser erfüllt sind.

Um auch ohne Heft II einen Vergleich möglich zu machen mit dem Wassergehalt der normalen Bäume, habe ich die entsprechenden Zahlen der im Juli und October des Jahres 1881 gefällten normalen Bäume hinzugefügt.

Birke.

Alter 30 Jahre. 26. August 1882.
Höhe 12 m. Kronenansatz — m. Inhalt 0.092 cm. Wasser 41.0 %. Substanz 30.4 ccm.

Baumhöhe und Durchmesser	Baumtheil	Jahrringbreite	Organische Substanz in 100 Raumtheilen frischen Holzes			Luftraum	Wassergehalt			Specifisches Gewicht		Schwinde-Procent
			Gramme	Raumtheile			in 100 Raumtheil.		auf 100 Gewichts-Einheiten	frisch	trocken	
				trocken	imbibirt		im Ganzen	in flüss. Zustand				
a	b	c	d	e	f	g	h	i	k	l	m	n
1.0	Splint	2.9	50.3	32.2	53.4	30.3	37.5	16.3	42.7	87.8	59.9	15.9
—	Kern	3.1	48.9	31.3	52.0	30.7	38.0	17.3	43.7	86.9	58.3	16.1
15.0	·/. Holz	3.0	49.6	31.8	52.8	30.5	37.7	16.7	43.2	87.3	59.1	16.0
1.4	Splint	3.0	48.7	31.2	51.8	32.5	36.3	15.7	42.7	84.9	57.9	16.1
—	Kern	2.8	46.1	29.5	49.0	32.2	38.3	18.8	45.4	84.4	54.9	16.1
15.0	·/. Holz	2.9	47.2	30.3	50.3	32.3	37.4	17.4	43.8	84.6	56.3	16.1
3.5	Splint	2.5	49.7	31.9	52.9	26.2	41.9	20.9	45.8	91.7	60.0	17.1
—	Kern	3.5	48.0	30.8	51.1	26.5	42.7	22.4	47.1	90.7	56.5	15.1
12.5	·/. Holz	3.1	48.8	31.3	51.9	26.3	42.4	21.8	46.5	91.2	58.2	16.1
5.6	Splint	3.0	48.3	31.0	51.5	25.7	43.3	22.8	47.2	91.6	57.5	16.0
—	Kern	3.6	45.9	29.4	48.8	27.4	43.2	23.8	48.5	89.0	55.3	17.1
11.0	·/. Holz	3.3	47.4	30.4	50.5	26.4	43.2	23.1	47.7	90.7	56.6	16.4
7.7	·/. Holz	3.4	46.7	30.0	49.8	25.0	45.0	25.2	49.1	91.7	55.9	16.4
9.8	Holz	3.1	44.7	28.7	47.6	26.1	45.4	26.5	50.4	90.1	54.4	17.9
1-2jähr. Zweige			44.3	28.4	—	15.3	56.3	—	56.0	100.7	77.2	42.6
Ganzer Baum			47.5	30.4	50.5	28.6	41.0	20.9	—	—	—	—

Birke.

Alter 30 Jahre. 22. September 1882.

Höhe 13 m. Kronenansatz — m. Inhalt 0.107 cm. Wasser 40.6 %. Substanz 31.4 ccm.

Baumhöhe und Durchmesser	Baumtheil	Jahrringbreite	Organische Substanz in 100 Raumtheilen frischen Holzes: Gramme	Organische Substanz: Raumtheile trocken	Organische Substanz: Raumtheile imbibirt	Luftraum	Wassergehalt in 100 Raumtheil.: im Ganzen	Wassergehalt in 100 Raumtheil.: in flüss. Zustand	Wassergehalt auf 100 Gewichts-Einheiten	Specifisches Gewicht frisch	Specifisches Gewicht trocken	Schwinde-Procent
a	b	c	d	e	f	g	h	i	k	l	m	n
1.0	Splint	2.2	51.0	32.7	54.3	32.0	35.3	13.7	40.8	86.3	59.8	14.7
—	Kern	3.8	46.4	29.7	49.3	31.9	38.4	18.8	45.3	84.9	54.2	14.5
15.0	·/. Holz	3.0	48.9	31.3	52.0	32.0	36.7	16.0	42.9	85.6	57.3	14.6
1.4	Splint	2.9	50.6	32.4	53.8	31.3	36.3	14.9	41.7	86.8	59.2	14.4
—	Kern	2.8	47.4	30.4	50.5	29.9	39.7	19.6	45.5	87.1	55.8	15.0
15.0	·/. Holz	2.8	49.3	31.6	52.5	30.7	37.7	16.8	43.4	87.0	57.7	14.7
3.5	Splint	2.5	49.7	31.9	53.0	27.3	40.8	19.7	45.0	90.5	58.7	15.3
—	Kern	2.5	44.7	28.6	47.5	28.7	42.7	23.8	48.8	87.5	52.9	15.4
13.0	·/. Holz	2.5	47.6	30.5	50.6	27.9	41.6	21.5	46.6	89.2	56.2	15.4
5.6	Splint	2.6	52.3	33.5	55.6	25.4	41.1	19.0	44.0	93.5	62.5	16.2
—	Kern	2.2	50.5	32.3	53.6	26.2	41.5	20.2	45.1	92.0	61.0	17.2
11.5	·/. Holz	2.4	51.6	33.1	54.9	25.6	41.3	19.5	44.5	92.8	61.9	16.6
7.7	Holz	3.2	47.9	30.7	51.0	25.5	43.8	23.5	47.7	91.7	57.3	16.5
9.8	Holz	3.0	46.8	30.0	49.8	26.3	43.7	23.9	48.3	90.5	56.1	16.6
11.9	Holz	2.3	45.8	29.3	48.6	28.7	42.0	22.7	47.8	87.8	55.3	17.1
1-2jähr. Zweige			46.1	29.5	—	17.4	53.1	—	53.6	99.3	82.0	—
Ganzer Stamm			49.0	31.4	52.1	28.0	40.6	19.9	—	—	—	—

Rothbuche.

Alter 130 Jahre. 25. September 1882.
Höhe 21.5 m. Kronenansatz — m. Inhalt 0.906 cm. Wasser 40.9 %. Substanz 38.0 ccm.

Baumhöhe und Durchmesser	Baumtheil	Jahrringbreite	Organische Substanz in 100 Raumtheilen frischen Holzes			Luftraum	Wassergehalt			Specifisches Gewicht		Schwinde-Procent
			Gramme	Raumtheile			in 100 Raumtheil.		auf 100 Gewichts-Einheiten	frisch	trocken	
				trocken	imbibirt		im Ganzen	in flüss. Zustand				
a	b	c	d	e	f	g	h	i	k	l	m	n
0.4	Splint	0.7	59.6	38.2	65.7	13.5	48.3	20.8	44.7	107.8	70.3	15.2
—	Mitte	1.1	59.7	38.3	63.6	19.6	42.1	16.8	41.4	101.8	71.1	16.1
—	Kern	2.0	61.9	39.7	62.3	29.1	31.2	8.6	33.5	93.2	75.7	18.2
—	·/. Holz	1.2	60.4	38.7	63.8	20.3	40.9	15.8	40.4	101.2	72.3	16.4
1.3	Splint	1.0	55.8	35.8	61.6	23.2	41.0	15.2	42.4	96.8	65.6	14.9
Unt. d. Schn.	Mitte	1.3	58.8	37.7	62.6	22.8	39.5	14.6	40.2	98.4	70.5	16.5
—	Kern	1.4	61.8	39.6	62.2	28.5	31.9	9.3	34.0	93.7	75.8	18.4
32.0	·/. Holz	1.3	58.5	37.5	62.6	24.9	37.6	12.5	39.1	96.1	70.1	16.5
1.4	Kern	1.7	60.4	38.7	60.8	29.7	31.6	9.5	34.3	92.0	72.9	17.1
1.6	Splint	1.1	56.7	36.3	62.4	27.3	36.4	10.3	39.1	93.1	66.5	14.7
Ueb. d. Schn.	Mitte	1.2	59.0	37.8	62.7	27.2	35.0	10.1	37.3	94.0	70.9	16.9
—	Kern	1.3	60.0	38.5	60.4	29.5	32.0	10.1	34.8	92.1	73.8	18.7
32.0	·/. Holz	1.1	58.1	37.2	61.8	28.0	34.8	10.2	37.5	93.0	69.5	16.3
3.7	Splint	0.9	57.9	37.1	63.8	23.6	39.3	12.6	40.4	97.3	67.7	14.5
—	Mitte	1.0	59.4	38.1	63.2	24.8	37.1	12.0	38.4	96.4	—	—
—	Kern	1.4	62.3	40.0	62.8	27.2	32.8	10.0	34.5	95.1	75.5	17.5
32.0	·/. Holz	1.1	59.8	38.3	63.2	25.2	36.5	11.6	37.9	96.3	—	—
7.8	Splint	1.3	64.7	41.5	71.4	10.0	43.5	18.6	40.2	108.2	76.2	15.0
Maserig	Mitte	1.4	61.5	39.4	65.4	23.3	37.3	11.3	37.7	98.7	73.3	16.2
	Kern	1.6	60.9	39.0	61.1	27.8	33.2	11.1	35.3	92.7	74.6	18.4
29.0	·/. Holz	1.4	63.3	40.6	68.2	19.2	40.2	12.6	38.8	103.6	75.3	15.9
11.9	Splint	1.1	53.3	34.1	58.6	15.2	50.7	26.2	48.7	104.0	60.5	11.9
—	M. u. K.	1.3	57.2	36.6	60.7	20.9	42.5	18.4	42.6	99.7	70.2	18.5
26.0	·/. Holz	1.2	55.2	35.4	59.8	17.8	46.8	22.4	45.9	102.0	64.9	15.0
16.0	Splint	2.0	55.7	35.7	61.4	15.5	48.8	23.1	46.6	104.5	64.7	13.9
—	M. u. K.	1.1	56.1	36.0	59.8	24.6	39.4	15.6	41.3	95.6	67.1	15.5
16.5	·/. Holz	1.2	55.9	35.8	60.8	19.6	44.7	19.6	44.5	100.6	65.4	14.0
20.1	Holz	0.7	57.4	36.8	63.3	15.3	47.9	21.4	45.5	105.4	65.7	12.6
1-2jähr. Zwg. ohne Bl.			55.1	35.3	—	14.2	50.5	—	47.8	105.7	81.2	32.1
Ganzer Stamm			59.3	38.0	63.8	21.1	40.9	15.1	—	—	—	—

Eiche.

Alter 50 Jahre. 26. August 1882.
Höhe 14.5 m. Kronenansatz — m. Inhalt 0.121 cm. Wasser 38.2 %. Substanz 37.5 ccm.

Baumhöhe und Durchmesser	Baumtheil	Jahrringbreite	Organische Substanz in 100 Raumtheilen frischen Holzes			Luftraum	Wassergehalt			Specifisches Gewicht		Schwinde-Procent
			Gramme	Raumtheile			in 100 Raumtheil.		auf 100 Gewichts-Einheiten	frisch	trocken	
				trocken	imbibirt		im Ganzen	in flüss. Zustand				
a	b	c	d	e	f	g	h	i	k	l	m	n
1.0	Splint	1.2	53.1	34.0	64.6	18.7	47.3	16.7	47.1	100.5	64.3	17.4
—	Mitte	1.6	59.1	37.9	66.3	15.2	46.9	18.5	44.3	105.9	69.7	15.3
—	Kern	2.1	61.6	39.5	69.1	18.7	41.8	12.2	40.4	103.5	69.7	11.5
17.0	·/. Holz	1.9	58.9	37.7	67.5	17.8	44.5	14.7	43.0	103.4	68.4	13.9
1.4	Splint	1.2	52.9	33.9	64.4	31.3	34.8	4.3	39.7	87.6	62.4	15.3
Ueb. d. Schn.	Mitte	1.6	57.5	36.9	64.6	22.5	40.6	12.9	41.3	98.1	67.1	14.2
—	Kern	2.1	60.0	38.4	67.2	19.5	42.1	13.3	41.3	101.9	68.7	12.9
16.0	·/. Holz	1.8	57.6	36.9	65.7	23.1	40.0	11.2	41.0	97.5	66.8	13.8
3.5	Splint	1.2	50.8	32.5	61.7	35.8	31.7	2.5	38.5	82.5	62.3	18.4
—	Mitte	1.3	58.2	37.3	65.3	24.1	38.6	10.6	39.9	96.8	66.8	12.8
—	Kern	2.0	62.2	39.9	69.8	19.2	40.9	11.0	39.7	103.1	70.5	11.7
14.5	·/. Holz	1.7	58.1	37.2	66.2	24.9	37.9	8.9	39.5	96.0	67.4	13.8
5.6	Splint	1.2	55.3	35.5	67.5	31.5	33.0	1.0	37.4	88.4	65.9	16.1
—	Mitte	1.2	59.0	37.8	66.1	24.6	37.6	9.3	38.9	96.6	67.2	12.2
—	Kern	2.0	62.3	40.0	70.0	18.9	41.1	11.1	39.8	103.5	69.7	10.6
12.0	·/. Holz	1.6	59.4	38.1	68.6	24.1	37.8	7.3	38.9	97.2	68.0	12.6
7.7	Splint	1.6	55.8	35.8	67.9	32.1	32.1	(—0.1)	36.5	87.9	66.3	15.8
—	Mitte	1.2	60.5	38.8	67.9	23.2	38.0	8.9	38.6	97.2	68.4	11.7
—	Kern	2.0	64.7	41.5	72.6	16.1	42.4	11.3	39.6	107.0	70.4	8.1
10.0	·/. Holz	1.7	60.2	38.7	69.7	24.1	37.2	6.2	38.2	97.4	68.4	12.0
9.8	Splint	1.5	55.8	35.8	67.3	32.7	31.5	(—0.7)	36.1	87.3	65.7	15.1
—	M. u. K.	1.6	63.4	40.6	71.0	20.6	38.8	8.4	38.0	102.3	70.9	10.6
7.0	·/. Holz	1.5	59.0	37.8	69.1	27.6	34.6	3.3	36.9	93.6	68.0	13.2
11.9	·/. Holz	1.7	61.3	39.3	73.1	26.9	33.8	(—1.5)	35.6	95.1	73.4	16.5
1-2jähr. Zweig			62.7	40.2	—	20.3	39.5	—	38.6	102.2	84.3	25.5
Ganzer Stamm			58.5	37.5	67.5	24.5	38.2	8.2	—	—	—	—

Eiche.

Alter 50 Jahre. 22. September 1882.
Höhe 15 m. Kronenansatz — m. Inhalt 0.144 cm. Wasser 38.3 %. Substanz 36.5 ccm.

Baumhöhe und Durchmesser	Baumtheil	Jahrringbreite	Organische Substanz in 100 Raumtheilen frischen Holzes			Luftraum	Wassergehalt			Specifisches Gewicht		Schwinde-Procent
			Gramme	Raumtheile			in 100 Raumtheil.		auf 100 Gewichts-Einheiten	frisch	trocken	
				trocken	imbibirt		im Ganzen	in flüss. Zustand				
a	b	c	d	e	f	g	h	i	k	l	m	n
0.3	Splint	1.6	54.1	34.7	65.9	13.0	52.3	21.1	49.1	106.3	65.7	17.7
—	Mitte	1.6	60.8	39.0	68.2	9.7	51.3	22.1	45.7	112.1	73.7	17.4
—	Kern	2.4	63.1	40.4	70.7	11.6	48.0	17.7	43.2	111.2	74.1	14.8
20.1	·/. Holz	1.9	59.0	37.8	68.0	11.7	50.5	20.3	46.1	109.5	70.7	16.6
1.1	Splint	1.3	53.7	34.4	65.4	14.9	50.7	19.7	48.6	104.4	64.2	16.4
Unt. d. Schn.	Mitte	1.3	60.7	38.9	68.1	10.9	50.2	21.0	45.3	110.9	69.3	12.5
—	Kern	2.1	59.6	38.2	66.8	15.3	46.5	17.9	43.8	106.1	67.7	12.0
17.0	·/. Holz	1.8	57.8	37.0	66.6	14.3	48.7	19.1	45.7	106.5	66.9	13.6
1.4	Splint	1.4	54.5	34.9	66.3	30.2	34.9	3.5	39.0	89.5	65.1	16.3
Ueb. d. Schn.	Mitte	1.7	60.3	38.6	67.5	22.3	39.1	10.2	39.4	99.5	72.0	16.2
—	Kern	1.9	60.6	38.8	67.9	14.9	46.3	17.2	43.3	106.9	68.5	11.5
17.0	·/. Holz	1.8	58.4	37.4	67.3	21.7	40.9	11.0	41.2	99.4	68.0	14.1
3.5	Splint	1.2	51.5	33.0	62.7	34.2	32.8	3.1	38.8	84.3	61.1	15.7
—	Mitte	1.4	58.6	37.5	65.6	23.2	39.3	11.2	40.1	98.0	66.2	11.5
—	Kern	2.0	58.9	37.7	66.0	16.6	45.7	17.4	43.7	104.7	65.8	10.4
15.0	·/. Holz	1.6	56.3	36.1	65.0	24.4	39.5	10.6	41.3	95.7	64.3	12.6
5.6	Splint	1.4	52.3	33.5	61.3	38.7	27.8	(—2.3)	34.7	80.1	60.8	14.0
—	Mitte	1.6	56.8	36.4	63.7	30.6	33.0	5.7	36.7	89.8	66.0	13.9
—	Kern	2.0	59.5	38.1	66.7	18.7	43.2	14.6	42.0	102.7	67.0	11.2
12.5	·/. Holz	1.6	55.8	35.8	64.8	29.9	34.3	5.3	38.9	90.0	64.0	13.1
7.7	Splint	1.7	54.3	34.8	66.1	30.9	34.3	3.0	38.7	88.5	63.1	13.9
—	M. u. K.	1.7	60.4	38.8	67.9	20.8	40.4	11.3	40.1	100.8	67.5	10.5
10.0	·/. Holz	1.7	56.7	36.3	66.4	27.0	36.7	6.6	39.2	93.5	64.9	12.6
9.8	Splint	1.9	55.7	35.7	67.8	30.2	34.1	2.0	37.9	89.7	66.2	15.9
—	M. u. K.	2.2	60.9	39.0	68.2	23.6	37.4	8.2	38.0	98.3	68.0	10.4
8.5	·/. Holz	2.0	57.4	36.8	67.9	28.0	35.2	4.1	37.9	92.6	66.9	14.1
11.9	·/. Holz	2.3	56.4	36.2	68.8	27.1	36.7	4.1	39.4	93.2	66.2	14.8
14.0	·/. Holz	1.1	56.9	36.5	69.3	26.7	36.8	4.0	39.3	93.7	72.1	21.2
15.0	1-2jähr. Zweige		56.8	36.4	—	—	43.7	—	43.5	100.5	86.7	33.8
Ganzer Stamm			57.0	36.5	66.4	25.2	38.3	8.4	—	—	—	—

Fichte.

Alter — Jahr. 15. August 1882.
Höhe 34 m. Kronenansatz — m. Inhalt — cm. Wasser — %. Substanz — ccm.

Baumhöhe und Durchmesser	Baumtheil	Jahrringbreite	Organische Substanz in 100 Raumtheilen frischen Holzes			Luftraum	Wassergehalt			Specifisches Gewicht		Schwinde-Procent
			Gramme	Raumtheile			in 100 Raumtheil.		auf 100 Gewichts-Einheiten	frisch	trocken	
				trocken	imbibirt		im Ganzen	in flüss. Zustand				
a	b	c	d	e	f	g	h	i	k	l	m	n
0.5	Splint	2.0	35.6	22.8	36.5	5.2	72.0	58.3	66.9	107.6	39.5	9.8
—	Mitte	2.6	37.7	24.2	38.7	42.4	33.4	18.9	47.0	71.0	40.8	7.6
—	Kern	3.9	35.7	22.9	35.3	64.7	12.4	(—1.3)	25.9	48.1	39.4	9.5
58.0	·/. Holz	2.8	36.2	23.2	37.1	33.9	42.9	29.0	54.2	79.2	39.9	9.0
1.5	Splint	2.2	33.5	21.5	34.4	8.1	70.4	57.5	67.7	103.7	37.0	9.6
Unt. d. Schn.	Mitte	3.2	34.7	22.2	35.5	24.5	53.3	40.0	60.6	88.0	37.9	8.7
—	AussenKern	4.3	37.5	24.0	38.4	50.7	25.3	10.9	40.2	62.8	41.0	8.5
—	Innen Kern	3.9	36.3	23.3	35.6	64.1	12.3	(—1.7)	25.2	48.5	39.8	8.9
48.0	·/. Holz	3.3	35.3	22.6	36.2	37.9	39.5	25.9	52.8	74.8	38.8	9.0
1.6	Splint	1.8	34.9	22.4	35.8	51.5	26.1	12.7	42.8	61.0	39.3	11.2
Ueb. d. Schn.	Mitte	2.7	38.1	24.4	39.0	60.6	15.0	0.4	28.2	52.2	42.0	9.1
—	AussenKern	3.9	36.3	23.3	33.9	66.1	10.6	(—3.4)	22.6	45.1	39.6	8.5
—	Innen Kern	3.5	34.3	22.0	35.2	64.4	13.6	0.4	28.5	47.9	40.5	15.3
48.0	·/. Holz	2.8	35.6	22.8	36.5	60.3	16.9	3.2	32.2	52.6	40.4	11.9
2.6	Splint	1.8	33.1	21.2	33.9	20.7	58.1	45.4	63.6	91.3	37.6	11.8
—	Mitte	2.7	34.1	21.8	34.9	36.2	42.0	28.9	55.1	76.0	38.6	11.7
—	Kern	3.6	38.1	24.4	36.1	63.9	11.7	(—2.9)	23.4	49.8	42.2	9.8
46.0	·/. Holz	2.8	35.3	22.6	36.2	42.1	35.3	21.7	50.0	70.6	39.7	11.1
16.6	Splint	1.7	34.0	21.8	34.9	23.3	54.9	41.8	61.7	88.9	38.4	11.6
—	Mitte	2.4	36.2	23.2	37.1	33.6	43.2	29.3	54.4	79.5	40.5	10.4
—	Kern	3.4	40.4	25.9	41.4	56.8	17.3	1.8	30.0	57.8	45.3	10.8
32.5	·/. Holz	2.6	37.0	23.7	37.9	38.5	37.8	23.6	50.6	74.8	41.5	11.0
25.7	Splint	2.3	38.7	24.9	39.8	15.3	59.8	44.9	60.7	98.4	43.1	10.4
—	M. u. K.	2.8	42.0	26.9	43.0	46.9	26.2	10.1	38.4	68.2	46.6	10.0
14.5	·/. Holz	2.6	40.1	25.7	41.1	29.4	44.9	29.5	52.7	85.0	44.7	10.2
31.0	Holz	1.9	40.9	26.2	41.9	16.6	59.2	43.5	59.1	100.0	46.4	12.0
34.0	Zweige	—	40.5	26.0	—	—	46.6	—	53.5	87.1	61.1	33.7

Fichte.

Alter 105 Jahre. 25. September 1882.

Höhe 33 m. Kronenansatz — m. Inhalt 2.942 cm. Wasser 28.1 %. Substanz 26 ccm.

Baumhöhe und Durchmesser	Baumtheil	Jahrringbreite	Organische Substanz in 100 Raumtheilen frischen Holzes			Luftraum	Wassergehalt			Specifisches Gewicht		Schwinde-Procent
			Gramme	Raumtheile			in 100 Raumtheil.		auf 100 Gewichts-Einheiten	frisch	trocken	
				trocken	imbibirt		im Ganzen	in flüss. Zustand				
a	b	c	d	e	f	g	h	i	k	l	m	n
0.5	Splint	2.0	42.7	27.4	43.8	26.2	46.4	30.0	52.1	89.0	47.0	9.3
Unt. d. Schn.	Mitte	3.2	39.7	25.5	40.8	52.6	21.9	6.6	35.7	61.7	44.7	11.1
—	Kern	3.2	38.6	24.8	38.7	61.8	13.4	(—1.5)	25.8	51.9	42.9	10.1
59.0	·/. Holz	3.0	40.1	25.7	41.1	49.1	25.2	9.8	38.6	65.2	44.6	10.3
2.6	Splint	1.4	41.6	26.6	42.6	34.7	38.7	22.7	48.2	80.3	49.1	15.4
Ueb. d. Schn.	Mitte	2.3	40.6	26.0	40.5	59.5	14.5	(—1.1)	26.3	55.1	47.2	13.9
—	Kern	3.3	38.7	24.8	37.6	62.4	12.8	(—2.0)	24.8	51.5	44.9	13.9
46.0	·/. Holz	2.1	40.2	25.8	41.3	52.3	21.9	6.4	35.2	62.1	47.0	14.4
4.6	Splint	1.5	44.2	28.3	45.3	30.8	40.9	23.9	48.4	85.2	51.0	13.3
—	Mitte	2.2	41.3	26.5	42.4	57.0	16.5	0.6	28.6	57.8	47.1	12.4
—	Kern	3.6	37.7	24.2	36.7	63.3	12.5	(—2.0)	24.9	50.2	43.6	13.4
43.0	·/. Holz	2.4	41.7	26.7	42.7	50.2	23.5	7.5	36.4	64.6	47.3	12.8
10.8	Splint	1.5	40.8	26.1	41.8	29.0	44.9	29.2	52.4	85.6	46.9	13.3
—	Mitte	2.2	39.2	25.1	40.2	59.3	15.6	0.5	28.4	54.8	45.4	13.5
—	Kern	4.3	37.9	24.3	36.9	63.1	12.6	(—2.0)	24.8	50.5	44.0	13.8
40.0	·/. Holz	2.5	39.4	25.2	40.3	48.8	26.0	10.9	39.7	65.4	45.6	13.5
17.0	Splint	1.6	40.3	25.8	41.3	27.5	46.7	31.2	53.6	87.0	46.1	12.6
—	Mitte	2.1	41.8	26.8	42.9	53.5	19.7	3.6	32.0	61.5	49.1	14.8
—	Kern	3.8	41.4	26.5	40.3	59.7	13.8	(—2.1)	25.1	55.2	46.9	11.9
33.0	·/. Holz	2.4	41.0	26.3	42.1	42.7	31.0	15.2	43.1	72.0	47.1	12.3
23.2	Splint	1.7	44.3	28.4	45.4	17.2	54.4	37.4	55.1	98.7	51.6	14.3
—	M. u. K.	2.5	42.5	27.2	43.5	48.0	24.8	8.5	36.8	67.3	49.0	13.3
23.5	·/. Holz	2.2	43.5	27.9	44.6	30.7	41.4	24.7	48.7	84.9	50.5	13.8
26.3	Splint	1.4	44.0	28.2	45.1	18.9	52.9	36.0	54.5	96.9	50.3	12.5
—	M. u. K.	2.4	42.9	27.5	44.0	46.7	25.8	9.8	37.5	68.9	49.1	12.5
17.5	·/. Holz	2.1	43.7	28.0	44.8	27.3	44.7	27.9	50.5	88.4	50.0	12.5
29.4	Splint	1.4	45.1	28.9	46.2	20.8	50.1	32.9	52.6	95.2	52.1	13.4
—	M. u. K.	2.3	46.9	30.1	48.2	35.8	34.1	16.0	42.1	81.0	53.0	11.6
10.5	·/. Holz	1.9	45.9	29.4	47.0	27.7	42.9	25.3	48.3	88.7	52.5	12.6
32.4	·/. Holz	1.6	62.2	39.9	63.8	29.7	30.4	6.5	32.8	92.5	65.2	4.5
33.0	Zweige 1-2jähr.		46.4	29.7	—	—	40.4	—	46.5	86.8	65.0	28.3
Ganzer Stamm			41.4	26.5	42.4	45.4	28.1	12.2	—	—	—	—

Procent-Gehalt des Splintes an flüssigem Wasser im Lumen der Organe.

Baumhöhe m	Normale Birke vom 2. Juli 1881	Eingesägte Birke Eingesägt am 19. Aug. 1882 Gefällt am 26. Aug. 1882	Eingesägte Birke Eingesägt am 19. Aug. 1882 Gefällt am 22. Sept. 1882	Normale Birke vom 8. October 1881
1.0	—	35.0	30.0	—
1.3—1.4	48.2	32.6	32.2	28.6
3.5	50.6	44.4	41.9	38.2
5.6—5.7	58.9	47.0	42.8	41.3
7.7—7.9	52.4	50.2	47.9	43.7
9.8—10.1	66.1	50.4	47.6	39.8
11.9	—	—	44.1	—
·/.	51.3	42.9	41.0	35.6

Baumhöhe	Normale Eiche vom 9. Juli 1881		Eingesägte Eiche Eingesägt am 19. Aug. 1882 Gefällt am 26. Aug. 1882		Eingesägte Eiche Eingesägt am 19. Aug. 1882 Gefällt am 22. Sept. 1882		Normale Eiche vom 8. October 1881	
m	Splint	Kern	Splint	Kern	Splint	Kern	Splint	Kern
0.3	—	—	—	—	61.9	60.4	—	—
1.0	—	—	47.2	39.5	—	—	—	—
1.1	—	—	—	—	56.9	53.9	—	—
1.3—1.4	59.1	38.0	12.1	40.6	10.4	53.6	39.3	40.7
3.5	52.5	39.1	6.5	36.4	8.3	51.2	36.0	43.7
5.6—5.7	52.3	39.9	3.1	37.0	0	43.8	31.5	45.2
7.7—7.9	52.5	39.0	0	41.3	8.8	—	39.0	39.6
9.8—10.1	52.0	—	0	—	6.2	—	31.9	0
11.9—12.3	53.5	—	0	—	13.1	—	23.0	—
·/.	54.0	—	5.0	—	5.8	—	35.9	—

Baumhöhe m	Normale Fichte vom 9. Juli 1881	Eingesägte Fichte Eingesägt am 15. Juli 1882 Gefällt am 15. Aug. 1882	Eingesägte Fichte Eingesägt am 15. Juli 1882 Gefällt am 25. Sept. 1882	Normale Fichte vom 12. October 1881
0.5	—	91.8	53.4	—
1.5	85.2	87.6	—	78.3
1.6	—	19.8	—	—
2.6	—	68.7	39.5	—
4.6	83.3	—	43.7	73.7
7.7	77.4	—	—	77.4
10.8	85.2	—	50.2	79.4
13.9	87.1	—	—	88.9
16.6	—	64.2	—	—
17.0	92.4	—	53.1	90.8
20.1	85.2	—	—	90.9
23.2	87.2	—	68.5	93.5
25.7—26.3	—	74.6	65.6	—
29.4—31.0	—	74.9	61.3	—

Baumhöhe	Normale Buche vom 2. Juli 1881		Eingesägte Buche Eingesägt am 18. Aug. 1882 Gefällt am 25. Sept. 1882		Normale Buche vom 8. October 1881	
m	Splint	Mitte u. Kern	Splint	Mitte u. Kern	Splint	Mitte u. Kern
0.4	—	—	60.6	39.6		—
1.3	—	—	39.6	31.7	—	—
1.5—1.6	64.0	41.3	27.4	26.3	47.7	22.6
3.7	71.6	42.4	34.8	29.7	54.7	23.1
5.9	72.9	37.0	—		57.8	23.4
7.8—8.1	77.8	37.0	65.0	30.5	59.6	29.1
10.3	—	35.4	—	—	56.3	24.2
11.4—12.5	74.6	42.6	63.3	46.8	59.1	25.9
14.7	60.8	—	—		59.4	30.5
16.0—16.9	54.5	—	59.8	38.8	63.5	31.0
20.1	—	—	58.3	—	—	—
·//.	70.7	—	49.4	—	55.5	—

Die Resultate der Untersuchung in Bezug auf die Lehre von der Wasserbewegung im Holzkörper

bespreche ich am zweckmässigsten, indem ich die untersuchten Holzarten nach einander ins Auge fasse.

Die Birke.

Bei beiden Versuchsstämmen hat das Durchschneiden der äusseren Holzlagen in der eingangs dargestellten Weise auch nicht den geringsten Einfluss auf die Saftsteigung nach oben ausgeübt. Wenn man erwägt, dass nur etwa 30 % der Stammquerfläche für die Saftleitung im Kern verblieb, so beweist das, dass der ältere innere Holztheil mindestens ebenso leicht den Saft leitet, als die jüngeren äusseren Holzlagen.

Es wird aber auch dadurch bewiesen, dass eine Wanderung des Wassers in radialer Richtung bei dieser Holzart sehr leicht erfolgt. Die Resultate der beiden Versuchsstämme dürften aber zugleich noch etwas beweisen, was für die Beurtheilung der im Heft II mitgetheilten Untersuchungen von Bedeutung ist, nämlich den relativ geringen Einfluss verschiedener Jahrgänge auf die Gesetze der Wasserbewegung. Ich habe die drei graphischen Tafeln, welche sich auf die Birke beziehen, aus Heft II nochmals zum Abdruck gebracht und die beiden neuen Stämme auf die Tafeln eingetragen cf. Tafel VIII—X.

Wir sehen zunächst aus Taf. VIII, dass der mittlere Wassergehalt der am 26. August gefällten Birke fast haarscharf in die Verbindungslinie zwischen den Juli- und Octoberstamm fällt und dass die Birke vom 22. September nur ganz wenig über den Wasserstand hinausgeht, den sie nach der graphischen Darstellung einnehmen würde. Ebenso überraschend schön lagern sich die beiden Wasserstandslinien in den Tafeln IX u. X zwischen die Juli- und Octoberlinien des Jahres 1881 ein, man möchte sagen, dass sie fast genau da stehen, wo man sie nach der Jahreszeit ohne weiteres hingezeichnet haben würde. Etwaige Bedenken, dass die aus den Versuchen des Jahres 1881/2 gewonnenen Resultate doch nur für das eine Jahr Geltung besitzen, in anderen Jahren ganz anders ausfallen könnten, werden hierdurch einigermassen entkräftet. Weit entfernt bin ich aber andererseits, zu behaupten, dass die Witterung eines Jahrganges ganz ohne Einfluss auf die Veränderungen des Wassergehaltes der Bäume sei.

Zur Erläuterung der drei Tafeln sei nur kurz erwähnt, dass die graphische Darstellung in der ersten Tafel den mittleren Wassergehalt der Birke durch zwei Jahre hindurch darstellt, wobei der oberhalb der Linien liegende Raum, den Luftraum, der unter der Linie befindliche Raum die Höhe des Wasserstandes im Lumen der saftleitenden Organe repräsentirt. Die Tafeln IX und X dagegen stellen die Veränderungen im Wasserstande der einzelnen

Versuchsbäume und Baumhöhen dar. Der links gelegene Anfangspunkt einer jeden Linie bezeichnet die Höhe des Wasserstandes der untersten Baumsection, die weiter nach rechts aufgetragenen, durch Linien verbundenen Punkte den Wasserstand der höher gelegenen Baumsectionen. Auf die Erklärung dieser Tafeln resp. der daraus resultirenden wissenschaftlichen Folgerungen kann ich nicht nochmals eingehen, sondern verweise auf Seite 38—40 des Heftes II.

Die Rothbuche.

Die Rothbuche ist bekanntlich eine Holzart, welche, ohne wirkliches Kernholz zu bilden, doch im älteren Holze eine wesentliche Veränderung erleidet, insofern dasselbe trockener wird und an der Saftleitung nicht mehr in gleichem Masse theilzunehmen scheint, als das Splintholz. Ich habe aber gezeigt, dass das sogenannte Reifholz (das ältere trockenere Holz) zu jeder Jahreszeit noch reichlich, d. h. etwa $^1/_3$ des Frischvolumens an Wasser enthält und dass nach Abzug des Imbibitionswassers noch etwa der vierte Theil des substanzfreien Innenraumes mit Wasser, drei Viertel mit Luft erfüllt sind. Der Wassergehalt des Reifholzes schwankt nach der Jahreszeit und nahm ich desshalb früher an, dass das Reifholz die Leitungsfähigkeit nicht ganz verliere, aber weniger dabei betheiligt sei, als das Splintholz.

Der Versuchsstamm, welcher ringsherum 8 cm tief eingeschnitten war, so dass nur 0.25 der Querfläche für die Wasserleitung übrig blieb, hatte sich bis zur Fällung, die etwa 5 Wochen nach dem Einsägen erfolgte, äusserlich völlig unverändert gezeigt. Die Untersuchung des Wassergehaltes ergab dagegen einen sehr beachtenswerthen Unterschied.

Die Mittelstücke und der Kern, also das sogenannte Reifholz nebst den innersten Schichten des Splintes waren mit dem normalen Wassergehalte versehen, wie aus Tabelle 8 zu erkennen ist, woselbst ich denselben in Vergleich mit den Juli- und Octoberstamm gestellt habe.

Auch der Splint zeigt schon von 8 m aufwärts genau den Wassergehalt, welchen ein normaler Stamm in dieser Jahreszeit zeigt. Dicht über dem Schnitte und noch in einer Höhe von 3.7 m giebt sich dagegen eine so bedeutende Wasserarmuth zu erkennen, bei 3.7 m nur 34.8 %, während dem normalen Zustande ein Procentsatz von etwa 58 entsprechen würde, dass hier die Frage entsteht, wodurch diese Wasserarmuth zu erklären sei, da ja doch die Leitungsfähigkeit des Reifholzes ausser Frage gestellt ist.

Es könnten offenbar zwei Ursachen dieser Erscheinung zu Grunde liegen, einmal die Verdunstung des blossgelegten Holzkörpers vom Sägeschnitte aus, oder zweitens könnte das Eindringen der atmosphärischen Luft hierbei eine Rolle mitspielen.

Um hierüber Klarheit zu erlangen, wurden am 2. November an einem der noch stehen gebliebenen, ebenfalls am 18. August eingesägten Rothbuchen nachstehende Versuche gemacht. Zunächst wurde in einer Höhe von 17 cm oberhalb des Sägeschnittes ein Quecksilbermanometer angebracht, an dem sich eine Saugung des Stammes beobachten liess, die innerhalb 20 Minuten zu einer Steigung der Quecksilbersäule im baumseitigen Schenkel auf 1.7 cm führte.

Sodann wurde höher hinauf, in einer Entfernung von 30 cm von der Schnittfläche derselbe Manometer angebracht, und hier zeigte sich in derselben Zeit ein Steigen des Quecksilbers auf 2.6 cm Höhe.

Selbstredend haben diese Grössen nur einen relativen Werth: die Höhe der Quecksilbersäule kann im vorliegenden Fall nur das Mehr oder Weniger der Luftdichte, aber nicht das Wieviel angeben. Es lehrt dieser Versuch nur soviel, dass die Luftverdünnung mit der Entfernung vom Sägeschnitte zunimmt, dass also ein Eindringen der atmosphärischen Luft in den Sägeschnitten stattgefunden habe und vielleicht in beschränktem Maasse noch stattfinde. In demselben Maasse aber, als die atmosphärische Luft vom Sägeschnitte aus sich in den Holzkörper verbreitet hat, muss dieser wasserärmer geworden sein, da ja hoher Luftdruck ein Emporpressen des Wassers zu Orten geringerer Lufttension zur Folge hat.

In der That sehen wir in der am 25. September gefällten Buche einen auffällig niederen Wasserstand oberhalb des Sägeschnittes und zwar noch bei einer Höhe von 3.7 m.

Ein zweiter Versuch sollte Aufschluss gewähren über die Schnelligkeit, mit welcher Wasser von dem Holzkörper einer normalen und der eingesägten Rothbuche oberhalb des Sägeschnittes aufgesogen wurde.

Nachmittags von $3^1/_2$ Uhr bis $3^3/_4$ Uhr wurde an einer normalen Rothbuche in ein Bohrloch ein knieförmig gebogenes Glasrohr angebracht, welches mit dem offenen unteren Schenkel im Wasser eines Messcylinders eingetaucht war. In einem Zeitraume von 11 Minuten wurden 71 ccm Wasser eingesogen. Darauf wurde dasselbe Rohr oberhalb des Sägeschnittes in die Versuchsbuche eingesetzt und hier sog der Baum in 11 Minuten nur 7.5 ccm, also nur etwa den zehnten Theil davon ein.

Dieser Versuch berechtigt uns zu der Annahme, dass die atmosphärische Luft vom Sägeschnitt aus in das Holz eingedrungen ist, dort im Laufe der Zeit das Wasser nach oben verdrängt hat und an dessen Stelle getreten ist. Trotz der Wasserarmuth in diesen Holztheilen saugt der Baum nur sehr langsam das im Glasrohr dargebotene Wasser auf, weil eben hier die Luft eine relativ dichte ist. Das wasserreiche Holz der normalen Buche saugt zehnmal so schnell Wasser ein, weil trotz des Wasserreichthums die Luft in den Organen eine verdünntere ist.

Wie wir weiter unten sehen werden, dringt bei der Eiche die Luft in die Gefässe ein und, indem sie sich durch den ganzen Splintkörper verbreitet, veranlasst sie das völlige Auspumpen des flüssigen Wassers nach oben.

Es lag nun die Frage nahe, woher es komme, dass nicht auch bei der Rothbuche die Luft an der Schnittfläche in die Gefässe eindringe, sich nach oben verbreite und so durch den bedeutenden Druck, den sie ausübt, alles Wasser nach oben hinaustreibt. Dass anfänglich Luft eingedrungen ist, die sich aufwärts auf mehrere Meter Höhe verbreitet hat und so einerseits ein Emporpressen des Wassers zur Folge gehabt, andererseits durch ihr Eindringen in die Organe die Saugkraft des Holzes vermindert hat, haben wir oben gesehen; dass aber schon bei 8 m der normale Zustand eingetreten ist, liesse sich schwer erklären, wenn die Gefässe an der Schnittfläche andauernd völlig geöffnet blieben. Das ist nun interessanterweise nicht der Fall.

Die mikroskopische Untersuchung ergab, dass zwar in nächster Nähe der Schnittfläche, d. h. etwa bis 1 cm Entfernung die Gefässe völlig offen und leer waren, dass dagegen von da an die Gefässe durch reiche Thyllenbildung sich völlig geschlossen hatten.

Es ist bekannt, dass die Rothbuche im normalen Zustande keine Thyllen oder Füllzellen in den Gefässen besitzt, die Luft konnte mithin anfänglich in den Holzkörper eindringen und die oben besprochenen Veränderungen des Wassers und Luftgehaltes herbeiführen. Schon nach kurzer Zeit wuchsen aber in einer gewissen Entfernung vom Schnitte, und zwar wahrscheinlich in dem Theile des Holzes, der noch nicht durch Verdünstung zur Schnittfläche hin allzusehr ausgetrocknet war, die Parenchymzellen in der Umgebung der Gefässe in das Innere derselben hinein und schlossen dieselben vollständig für Luftzutritt ab. Ich habe wiederholt und zuletzt in meinem Lehrbuch der Baumkrankheiten Seite 133 auf die Bedeutung der Thyllen oder Füllzellen hingewiesen. Während aus Parenchym bestehende Gewebe nach Verwundungen durch Wundkork sich gegen die todten Gewebe abschliessen, schützt sich der Holzkörper durch Bildung von Füllzellen. Es entsteht dadurch in einer gewissen Entfernung von der Schnittfläche eine Verschlussschicht, durch welche der weitere Luftzutritt in das Bauminnere verhindert, die Entstehung von bedeutenden Luftverdünnungen im Innern ermöglicht wird.

Es sei noch bemerkt, dass in demselben Maasse, als der Holzkörper durch Verdunstung zur Schnittfläche immer weiter nach aufwärts trocken wurde, die Verschlussschicht auch breiter geworden ist. Die Wandungen der älteren, der Schnittfläche zunächst entstandenen Füllzellen sind gebräunt und färben dadurch das ganze Holz bräunlich, während die obersten im lebenden, gesunden Holze liegenden zuletzt entstandenen Füllzellen farblos sind.

Die Eiche.

Wie ich bereits zu Beginn dieser Abhandlung anführte, waren die Blätter der beiden Versuchseichen, deren Splint durchsägt worden war, schon am 7. Tage, als dieselben zum ersten Male besichtigt wurden, nahezu vertrocknet. Nur an dem zweiten, erst am 22. September zur Fällung gebrachten Baume war am 26. August etwa 10 % der Blätter noch grün, während sie am 22. September vollständig vertrocknet waren.

Diese Verschiedenheit erklärte sich nachträglich dadurch, dass der Splint der zweiten Eiche eine ungewöhnliche Breite besass und nicht vollständig bis zum Kern durchschnitten worden war.

Was nun zunächst die Saftleitungsfähigkeit des Kernes betrifft, so unterliegt es keinem Zweifel, dass dieselbe vollständig fehlt. Ich habe in Tabelle 8 den Gehalt an flüssigem Wasser für den Kern allein berechnet, woraus zu ersehen ist, dass der Kern bei beiden Versuchsstämmen seinen vollen Wassergehalt sich bewahrt hat. Dass der erst 5 Wochen nach dem Einschneiden gefällte Stamm sogar mehr Wasser im Kern enthält, als der normale Octoberstamm, mag zunächst unerklärt bleiben. Woher es kommt, dass das Eichenkernholz die Fähigkeit der Filtration einbüsst, obgleich es zu Zeiten, z. B. beim Octoberstamm auffallend mehr Wasser enthält, als der Splint, bedarf noch der sorgfältigeren Prüfung. Man möchte von vornherein annehmen, dass die Einlagerung des Gerbstoffes in die Schliesshaut der Tipfel und die Umwandlung desselben durch Oxydation zu einem unlöslichen Stoffe, den Eichenkernstoff, die Filtration des Wassers durch die Schliesshäute unmöglich macht oder doch so erschwert, dass geringere Druckdifferenzen der Binnenluft eine Bewegung des Wassers nicht mehr zu Stande bringen.

Beim Trockenwerden gefällten Holzes würde somit der Process der Filtration nicht mitwirken, sondern die Wanderung des Wassers zur verdünstenden Oberfläche resp. zu den mit der Luft communicirenden Gefässen lediglich auf Imbibitionskräfte zurückzuführen sein.

Der Splint ist der allein saftleitende Theil des Eichenstammes, denn schon der am 7. Tage nach dem Einsägen gefällte Stamm zeigte nicht nur völlig trockene Blätter, sondern der Gehalt des Splintes an Wasser in der oberen Hälfte des Baumes war genau so gross, dass die organische Substanz noch das volle Quantum an hygroskopischem Wasser zeigte, dagegen flüssiges Wasser vollständig fehlte.

Nur die untersten drei Sectionen über dem Schnitte zeigen noch flüssiges Wasser in den Organen, wenn auch im Vergleich zum normalen Zustande in geringer Menge.

Es ist wohl gestattet, diese Erscheinung in folgender Weise zu erklären. Der bis auf den Kern eingeschnittene Stamm liess von der unteren Schnittfläche durch die zahlreichen und grossen Gefässe die atmosphärische Luft in den Splintkörper des Baumes eintreten, wodurch nicht nur auf das etwa in den Gefässen vorhandene Wasser der volle Luftdruck einwirken konnte, sondern auch die Entstehung sehr starker Luftverdünnungen in den angrenzenden Tracheiden u. s. w. verhindert wurde. Der Transpirationsprocess der Blätter konnte somit alles flüssige Wasser aus dem Splinte auspumpen, die von unten durch die offenen Gefässe eindringende und frei bis zur Krone des Baumes gelangende Luft verbreitete sich von den Gefässen aus in das Innere der benachbarten Tracheiden und ermöglichte es, dass diese bis auf die letzte Spur flüssigen Wassers entleert wurden. Nachdem dann einmal in der oberen Hälfte des Baumes die Entleerung aller Organe stattgefunden hatte und an Stelle des Wassers die mit vollem Atmosphärendruck im Baume verbreitete Luft in die Organe eingedrungen war, fehlte die Möglichkeit, dass auch das in der unteren Baumhälfte noch im Splint vorhandene Wasser emporsteigen konnte. Noch 12.1 % des Leerraumes ist dicht über der Schnittfläche mit flüssigem Wasser erfüllt gewesen. In der oberen Baumhälfte enthielt der Holzkörper nur genau so viel Wasser, als nöthig ist, um die organische Substanz der Wandungen resp. den organischen Zellinhalt mit Wasser voll zu sättigen. Es liegt hierin eine Bestätigung für die Richtigkeit des auf empirischem Wege gefundenen Wassercapacitätsfactors für Eichensplintholz (90 % des Trockenvolumens).

Die zweite Eiche, bei welcher ein Theil des Splintes nicht vollständig bis auf den Kern durchschnitten war, ist zwar innerhalb 5 Wochen total vertrocknet, enthält aber in ihrer ganzen Länge noch flüssiges Wasser im Splint, wenn auch nur etwa den 5. bis 6. Theil des normalen Quantums. Es lässt sich diese Erscheinung zur Genüge aus dem Umstande erklären, dass die innerste Zone des Splintes, soweit sie vom Sägeschnitte nicht getroffen wurde, noch im beschränkten Maasse Wasser von unten emporleitete und somit einestheils die Veranlassung wurde, dass am 7. Tage nach dem Einschneiden, als der andere Stamm schon durchaus vertrocknete Blätter zeigte, noch etwa 10 % der Belaubung grün waren, anderentheils den in Tabelle 8 nachgewiesenen Wasservorrath des Splintes emporleitete. So lange noch verdünstende Blätter und Triebe am Baume vorhanden waren, fand in der innersten, nicht durchschnittenen Splintzone eine lebhafte Wasserströmung nach oben statt, und die Luft in den leitenden Organen muss in stark verdünntem Zustande sich befunden haben, da die Verdunstungsgrösse die mögliche Wasserzufuhr bedeutend überstieg. Als dann aber nach dem völligen Vertrocknen aller Blätter und Zweige die Verdunstung fast ganz aufhörte, setzte sich die Wasserströmung in die innerste Splintzone noch fort, da ja der Verdünnungszustand der Luft als Saugkraft fortwirkte und so ist es wohl möglich, dass an einem gewissen früheren Termin der Splint wasserärmer war, als es im Augenblicke der Fällung sich zeigte. Wir sind aber auch berechtigt, anzunehmen, dass die in die geöffneten Gefässe der äusseren Splintschicht eingedrungene Luft sich nur sehr langsam von aussen nach innen in die älteren Jahresringe, also in die Splintzone bewegt hat, welche unten nicht geöffnet war; denn wäre eine rasche Verbreitung der Luft nach innen erfolgt, dann hätten schon frühzeitig die Organe der inneren Splintzone sich mit Luft von nahezu atmosphärischem Drucke füllen müssen, es würden auch diese, wie die äusseren völlig ausgepumpt worden sein, bevor mit dem Vertrocknen der Belaubung die Transpiration nahezu aufhörte und es hätte, nachdem die Organe mit Luft von der Tension der Atmosphäre erfüllt waren, ein Nachströmen von unten nicht mehr erfolgen können.

Es sei noch darauf hingewiesen, dass das unter dem Einschnitt befindliche Stammstück des 2. Baumes bei 0,3 m Höhe 61,9 % flüssigen Wassers im Innern der Organe zeigte. Sieht man von der Möglichkeit ab, dass hier durch den Wurzeldruck die Luft in den Organen comprimirt sei, so würde ein solcher Wassergehalt wohl nahezu dem der vollen Sättigung entsprechen, d. h. dem Zustande, in welchem die Luft unter Atmosphärendruck steht und jede Saugung aufhört. Den Maximalwassergehalt am unteren Stammende normaler Eichen zeigte die Eiche vom Juli 1881 mit 59,1 %. Es geht daraus hervor, dass dieser Maximalgehalt normaler Stämme immer noch einer geringen Luftverdünnung entsprechen würde.

Die Fichte.

Zu den interessantesten und überraschendsten Resultaten führte die Untersuchung der eingeschnittenen Fichtenstämme. Ich habe bereits zu Anfang des Artikels gesagt, in welchem äusseren Zustande die Bäume bei der Fällung waren. Es ging daraus hervor, dass der Kern absolut leitungsunfähig ist und dass mit der Durchschneidung des Splintes jede Wasserzufuhr nach oben aufhört.

Es sei zunächst bezüglich des Kernes erwähnt, dass bei normalen Fichten der Kern gar kein flüssiges Wasser besitzt, dass unter Zugrundelegung einer Wassercapacität der Holzwandung von 60 % des eigenen Trockenvolumens sogar in der Regel noch etwa 2 % Wasser an Imbibitionswasser fehlen. Wahrscheinlich ist aber jener empirisch gefundene Procentsatz des hygroskopisch aufgenommenen Wassers etwas zu hoch im Vergleich zu der thatsächlichen Wassercapacität des Kernholzes.

Unsere beiden Versuchsstämme Tabelle 6 u. 7 zeigen nun im Kern genau dieselbe Erscheinung. Rechnet man von dem Gesammtwasser soviel ab, als 60 % des Trockenvolumens der Holzwandungen beträgt, so zeigt sich fast immer, dass dasselbe nicht vollständig ausreichen würde, um die Wandungen zu sättigen. Wahrscheinlicher ist es, dass die Wandungen vollgesättigt, aber nicht im Stande sind, 60 % des eigenen Volumens aufzunehmen.

Was nun aber den Wassergehalt des Splintes anbetrifft, so zeigte derselbe zu meiner grössten, anfänglichen Verwunderung jene hohen Sätze, die ich in Tabelle 8 in Vergleich gestellt habe mit den Wasserstandszahlen der normalen Juli- und Octoberfichte. Vier Wochen nach dem Einsägen, zur Zeit, wo bereits das Cambium und die Rinde des Gipfels vertrocknet waren, enthielt der Splint noch im Minimum 64.2 %, im Maximum und zwar 2 m unter dem schon absterbenden Gipfelstücke 74.9 % flüssiges Wasser im Lumen der Tracheiden.

Oder in anderer Weise ausgedrückt zeigte der Holzkörper nahe unter dem absterbenden Gipfel nach Tabelle 6 noch 59.2 % des Frischvolumens an Wasser. Das specifische Frischgewicht dieses Holzstückes war genau 100.

Die am 25. September, also 10 Wochen nach dem Einsägen gefällte Fichte zeigte noch zwischen 39.5 und 68.5 % flüssiges Wasser im Innenraum der Tracheiden und das Gipfelstück, dessen Cambium und Rinde braunfleckig, d. h. im Absterben begriffen war, besass noch 61.3 % Wasser im Innenraum der Tracheiden!

Dass ein Stamm, dessen Gipfel von oben herab schon auf $3^1/_2$ m Länge abgestorbene Rinde zeigt und der dadurch beweist, dass eine irgend ausgiebige Wasserbewegung nach oben nicht mehr erfolgt, trotzdem noch Wassermengen enthält, wie sie die Tabellen 7 u. 8 nachweisen, ist wohl der schlagendste Beweis gegen die Imbibitionstheorie, der überhaupt ins Feld geführt werden kann. Er zeigt zugleich den mächtigen Einfluss, welchen der Luftdruck auf die Wasserbewegung ausübt. Ich erinnere daran, dass bei der Eiche, in deren geöffnete Gefässe die Luft eindringen und sich durch den Splint bis zum Gipfel des Baumes verbreiten konnte, ein vollständiges Auspumpen des flüssigen Wassers eingetreten war. Bei der gefässlosen Fichte findet ein Eindringen der Luft nicht oder doch nur sehr langsam statt und treten desshalb nach Abschneidung der Wasserzufuhr schliesslich Verdünnungszustände der Lumenluft ein, die zum vollständigen Aufhören des Filtrationsprocesses führen, während noch über 70 % des Zellinneren mit Wasser erfüllt sind.

Wenn wir uns durch eine graphische Darstellung Taf. XI die Vertheilung des Wassers und Luftraumes im Splint der beiden Versuchsfichten vergegenwärtigen und damit die Wasservertheilung der normalen Fichten vom 2. Juli und vom 12. October 1881 vergleichen, so kommen wir zu einer überraschenden Bestätigung der Gasdrucktheorie, wie ich sie vorher entwickelt habe.

Tragen wir den Maximalwassergehalt des unterhalb des Einschnittes der ersten Versuchsfichte bei 1.5 m Höhe gelegenen Splintes mit 87.6 % in die Tafel ein und nehmen an, dass dieser Wasserstand der vollen Sättigung bei Atmosphärendruck entspricht, ziehen wir sodann die gerade Linie, die mit einiger Wahrscheinlichkeit dem Wasserstande bei voller Sättigung im normalen Baume entsprechen dürfte, so gewinnen wir durch Vergleich dieser Linie mit der Wasserstandslinie der beiden Versuchsstämme einen Einblick in die Veränderungen, welche bei letzteren durch die Abschneidung der Wasserzufuhr von unten eingetreten sind.

Wir lassen das unmittelbar über dem Einschnitt entnommene Holzstück unberücksichtigt, weil durch directe Verdunstung auf der Sägeschnittfläche der Wassergehalt hier soweit gesunken ist, dass nur noch 20 % des Zelllumens flüssiges Wasser führt; wir gehen vielmehr von dem Wasserstande bei 2.6 m Höhe, also 1.1 m über der Schnittfläche aus. Verglichen mit der vollen Sättigung würde daselbst der Wassergehalt von 68.7 % des Innenraumes einer Verdünnung der Binnenluft um das 2.6fache entsprechen = 0.385 des Atmosphärendrucks. Bei 16.6 m Höhe ist mit 64.2 % Wasser die Luft um das 5fache ausgedehnt, also auf 0.2 des vollen Luftdrucks. Bei 25.7 m Höhe entspricht der Wasserstand einer Lufttension von 0.18 Atmosphärendruck, also der 5.5fachen Ausdehnung.

Eine etwas grössere Ausdehnung, sie mag etwa der 6fachen Ausdehnung bei Atmosphärendruck entsprechen, also 0.167 betragen, zeigt das bei 31 m Höhe gelegene Holzstück, welches unmittelbar unter der Region entnommen wurde, in welcher die Cambialzone gebräunt und vertrocknet war. Es würde demnach eine Luftverdünnung um das 6—7fache etwa dem Stadium entsprechen, bei welchem gar keine Filtration zum Cambium mehr erfolgt und nicht allein kein Wasser mehr vom Holz aus in die Cambialzone gepresst, sondern umgekehrt der Cambialschicht vom Holze aus Wasser entzogen wird. Ueber die grosse Empfindlichkeit der ersteren gegenüber einem Wassermangel werde ich weiter unten noch sprechen.

Gehen wir weiter zur Betrachtung des um 6 Wochen später, d. h. am 25. September gefällten Versuchsstammes, so sehen wir, dass der Wassergehalt bei 2.6 m Höhe von 68.7 auf 39.5 % gesunken ist, womit eine Luftausdehnung auf das 5fache angezeigt wird. Bei 4.6 m enthält der Splint 43.7 %, zeigt also wiederum eine Luftverdünnung um das 5fache, d. h. 0.2 des Atmosphärendruckes. Schon bei 10.8 m Höhe, bei einem Wassergehalte von 50.2 % des Innenraumes der Tracheiden steigt die Luftverdünnung auf das 5.3fache (0.189 des Atmosphärendruckes) und bei 17 m Höhe erreicht bei einem Wassergehalt von 53.1 % die Luftverdünnung 0.151 der Atmosphäre oder das 6.4fache der Ausdehnung bei vollem Atmosphärendruck. Bei 23.2 m

Baumhöhe steigt zwar der Wasserstand im Lumen der Tracheiden auf 68.5 %, aber der Verdünnungszustand der Luft hat im Vergleich zur unteren Section nicht mehr zu-, sondern sogar ein wenig abgenommen und kann somit an keine auf Druckdifferenz beruhende Filtrationsbewegung mehr gedacht werden.

Die beiden obersten Sectionen bei 26.3 und 29 m Höhe lassen zwar eine bedeutende Wasserabnahme erkennen, doch kommt hier offenbar ein neuer Factor als Wassermotor ins Spiel, nämlich die unmittelbare Verdunstung des von einer lebenden Rinde nicht mehr umgebenen Holzkörpers nach aussen.

Die abgestorbene, von Insectengängen theilweise durchlöcherte Rinde lässt die Luft an den Holzkörper treten, und dieser, wie die todte Rinde selbst geben Wasser an die Aussenluft ab, welches wie bei jedem Trocknungsprocess des Holzes zunächst der Wandungssubstanz entzogen wird, die wiederum aus dem Zellinnern Ersatz für den Verlust findet.

Für die Lehre von der Wasserbewegung transpirirender lebender Bäume hat die Thatsache eine hervorragende Bedeutung, dass Druckdifferenzen, wie sie im Auguststamme noch vorkommen, trotz des bereits colossal verdünnten Luftzustandes im Innern des Baumes eine Wasserfiltration nach oben ermöglichen. Wir sehen, dass der Wasserstand vom 15. August bis zum 25. September in 2.6 m Baumhöhe von 68.7 auf 34.5 % des Zellinnern gesunken ist. Auch der Septemberstamm ist noch vollbenadelt, wenn auch der Gipfel von $3^1/_2$ m Länge vertrocknete Rinde zeigte. Eine Druckdifferenz von 0.2 Atmosphärendruck bei 2.6 m und 0.156 bei 17 m Höhe genügt ebenfalls noch das Cambium am Leben zu erhalten und voraussichtlich fand an jenem Baum in der unteren Hälfte noch eine langsame Filtration aufwärts statt.

Von 17 m aufwärts aber hört die Wasserbewegung durch Filtration auf und es ist gewiss interessant zu constatiren, dass die dritte Versuchsfichte, welche am 1. October bei einem Sturme geworfen wurde, im ganzen oberen Schafte von 17 m an bis zu 34 m Höhe abgestorbene, braune Rinde besass.

Es ist nun die Frage berechtigt, wesshalb bei so starkem Verdünnungszustande der Binnenluft und bei so minimalen Druckdifferenzen, wie wir sie zumal am Septemberstamm antreffen, die Filtration überhaupt aufhört. Man sollte doch zunächst annehmen, dass, solange überhaupt noch Druckdifferenzen zwischen dem unteren und oberen Baumschaft vorliegen, auch eine Filtration stattfinden müsste.

Es ist wohl gestattet, anzunehmen, dass hierbei der Widerstand der Schliesshaut für den Wasserdurchgang in Betracht kommt und führt uns das zu einer nochmaligen Besprechung der Gasdrucktheorie. Jul. Sachs sagt in seinen „Vorlesungen“ Seite 323: „. . . . Allein jede derartige Saugung ist ja weiter nichts als Druckdifferenz zwischen der Atmosphäre und der verdünnten inneren Luft. Wäre also der Hohlraum der Holzzellen ganz luftleer und frei von Wasserdampf, so könnte die Saugung oder was dasselbe heisst, in diesem Falle der gesammte äussere Luftdruck, auch wenn die Zellwände keinen Widerstand entgegensetzten, das Wasser doch nur ca. 10 m hoch in das Holz des Stammes hineintreiben, wobei noch dazu unerklärt bleibt, wie man sich die Wirkung des Luftdrucks an den Wurzeloberflächen denken soll ...."

So plausibel nun auf den ersten Blick dieser Einwand zu sein scheint, so dürfte derselbe doch nicht so ohne Weiteres als berechtigt anzusehen sein.

Das Wasser in den Tracheiden eines 30—40 m hohen Baumes bildet doch nicht eine zusammenhängende Wassersäule, die in ihrer ganzen Schwere einen Gegendruck gegen den auf die Wurzeln wirkenden Atmosphärendruck ausübt. Es befindet sich vielmehr dieses Wasser in einer Anzahl von beispielweise 20—40000 übereinanderstehenden geschlossenen Organen und in jedem Organe ist der obere Theil mit Luft, der untere Theil mit Wasser erfüllt. Es ist nun die Frage, ob wir anzunehmen genöthigt sind, dass sich das Gewicht der ca. 1 mm hohen Wassersäule im Innern der einzelnen Tracheiden durch die Schliesshäute der Tipfel auf die Wassersäule des tieferstehenden Nachbarorganes fortpflanzt oder nicht.

Da z. B. bei einer 30 m hohen Fichte, wie aus Fig. 1 zu ersehen ist, das Wasser in der That eine Säule bildet, die aber durch die Schliesshäute der Tipfel in zahllose kleine Wassersäulen zerfällt, so müsste, wenn sich der Druck des Wassers aus einer Tracheide in die nächst tieferstehende Nachbartracheide fortpflanzen würde, die Luft in den Organen am Fusse des Baumes unter dem Drucke einer Wassersäule von 30 m Höhe stehen, d. h. unter 3fachem Atmosphärendruck!

Dass dies nicht der Fall ist, ja dass bei einer 33 m hohen Fichte, deren Tracheiden zwischen 40—70 % flüssiges Wasser enthalten, wodurch zweifellos eine zusammenhängende Wasserschicht, die nur durch Schliesshäute von einander getrennt wird, gebildet ist, die Luft des Zellinneren bei 2.6 m Höhe nur unter 0.2 Atmosphärendruck steht, ergiebt die eingeschnittene Fichte vom 25. September, sowie der Einsaugungsversuch, über den ich weiter unten berichten werde.

Wir müssen also die Thatsache als zweifellos feststehend bezeichnen, dass der Druck des Wassers nach unten, insoweit er von der Schwere der Wassersäule bedingt wird, sich nicht fortpflanzt, dass vielmehr das Wasser im Innern festgehalten wird durch irgend eine Kraft, welche dem Gewicht der ca. 1 mm hohen Wassersäule das Gegengewicht hält.

Es liegt nahe, an die Capillarkraft zu denken, die ja bei dem äusserst engen Lumen der Tracheiden einen sehr stark concaven Meniskus der oberen Wasserfläche hervorruft. Die Capillarität genügt vollständig, um zu erklären, dass die kleinen Wassersäulen im Innern der Tracheiden getragen werden, ohne dass sich ihr Gewicht summirt, ihre Schwere nach unten fortpflanzt.

Wird durch die Capillarkraft die Fortpflanzung des Gewichtes der Wassersäule nach unten aufgehoben und dadurch das Wasser auch in der höchsten Baumhöhe festgehalten, so wird andererseits erfahrungsgemäss durch die geringste Differenz im Druck der Luft auf das Wasser eine Filtration aus einer Zelle in die Nachbarzelle und zwar durch die Schliesshäute der Tipfel herbeigeführt.

Die Substanz der Schliesshäute ist mit Wasser gesättigt und ist für Wasser völlig undurchlassend, sobald der Druck von beiden Seiten ein gleich grosser ist. Dieser Fall liegt aber vor, wenn in beiden Organen die Luft eine gleiche Tension besitzt, da ja die Capillarität die Schwere der Wassersäule selbst trägt. Sobald aber durch eine noch so geringe Druckdifferenz die Schliesshaut und die verdickte Platte von einer Zelle zur andern gedrängt wird und hierdurch eine Ausdehnung der elastischen zarten Haut herbeigeführt wird, treten deren Molekule weiter auseinander und werden nunmehr für Wasser durchlässiger so lange bis entweder die Druckdifferenz wieder aufhört oder andererseits eine gewisse Grösse überschreitet. In diesem Falle verhindert aber die vor den Tipfelkanal sich legende verdickte Scheibe jede weitere Ausdehnung der zarten Schliesshaut und deren Zerreissung, zugleich allerdings auch die Filtration des Wassers durch diesen Tipfel. Erst wenn etwa durch Abfluss oder Zufluss des Wassers von anderen Seiten her die Druckdifferenz sich gemindert hat und die Gefahr des Zerreissens vorüber ist, functionirt der Tipfel wieder fort.

Der Hoftipfel mit jener eigenartigen, in der Mitte verdickten Schliesshaut functionirt somit nicht allein als Sicherheitsventil, es liegt auch der Gedanke nahe, dass die verdickte Scheibe in der Mitte wesentlich dazu bestimmt ist, die Empfindlichkeit des Filtrirapparates bedeutend zu steigern. Nehmen wir an, die ganze Schliesshaut des Hoftipfels sei gleichmässig dünn, so würde ein sehr geringer Druck auf die ganze Fläche derselben nur eine geringe Ausdehnung der ganzen Haut zur Folge haben, die nur zu einem sehr geringen Auseinandertreten der Micelle führen würde, welches kaum gross genug wäre, um eine Filtration möglich zu machen. Nun ist aber bei dem Laubholzhoftipfel und in geringerem Grade auch bei dem Nadelholztipfel, die Schliesshaut vielleicht zu $^3/_4$ der ganzen Fläche so stark scheibenförmig verdickt, dass diese verdickte Mitte bei einseitigem Drucke sich nicht ausdehnen wird. Der ganze Druck auf die Gesammtfläche der Schliesshaut muss mithin auf die zarthäutige Peripherie derselben ausdehnend wirken und schon eine sehr geringe Druckdifferenz wird eine Ausdehnung derselben herbeiführen, die eine ausgiebige Filtration ermöglicht.

Wir bedürfen übrigens der Annahme, dass die Wassersäule im Lumen der Tracheiden durch die Capillarität gleichsam festgehalten, der Abfluss nach unten durch sie verhindert wird, gar nicht einmal unbedingt. Wir brauchen nur anzunehmen, dass die Schliesshaut in ihrem zarten Theile gerade die Widerstandsfähigkeit besässe, dass sie im Stande wäre, den Druck der im Lumen der Zelle enthaltenen über dem Tipfel stehenden Wassersäule auszuhalten, ohne dasselbe durchfiltriren zu lassen und dass sie erst dann, wenn zu diesem Normaldruck, unter dem sie ja gewissermassen entstanden ist, noch die Druckdifferenz der beiderseitigen Luftblasen hinzukommt, sich so ausdehnt, dass sie die Eigenschaften des Filters annimmt, so fällt schon jener Einwand, den Sachs gegen die Gasdrucktheorie erhoben, fort.

Ich komme nun auf den Ausgangspunkt unserer Betrachtung zurück, auf die Beantwortung der Frage, wesshalb bei äusserst geringen Druckdifferenzen die Wasserfiltration ganz aufhören kann. Um die Schliesshaut überhaupt filtrationsfähig zu machen, bedarf es eines einseitigen Druckes, durch welchen eine Expansion derselben herbeigführt wird, gross genug, um die Micelle soweit auseinander zu zerren, dass das Wasser durch die Interstitien durchfiltriren kann. Wird dieser Druck zu gering, oder hört er ganz auf, so lässt die Schliesshaut nichts mehr durch.

Die vorliegenden Untersuchungen setzen uns nun in den Stand, uns wenigstens eine ungefähre Vorstellung zu verschaffen über den Minimaldruck, der noch im Stande ist, Wasser durch die Schliesshaut durchzupressen.

Wir sind einigermassen berechtigt, bei unserem Septemberstamme die in 17 m Höhe eingetretene Ausdehnung der Luft auf das 6.4fache als die Maximalverdünnung anzusehen. Um 6 m höher treffen wir etwa denselben Verdünnungszustand an, während an höheren Baumtheilen die Folgen des Absterbens der Rinde sich zeigen. Zwischen 17 und 23.2 m Baumhöhe scheint also die Wasserbewegung aufgehört zu haben. Zwischen der Baumhöhe von 2.6 m und der von 17 m besteht dagegen noch eine Differenz in der Luftverdünnung, die, wie wir an den oberen Theilen des Auguststammes erkennen, noch zu Wasserbewegungen nach oben führen. Die Lufttension bei 2.6 m ist = 0.2 Atmosphärendruck, die Tension bei 17 m ist = 0.156, also die Differenz 0.2 — 0.156 = 0.044 Atmosphärendruck. Die Höhendifferenz beider Punkte beträgt 14.4 m oder 14400 mm. Nehmen wir nun als mittlere Länge einer Fichtentracheide 1.5 mm und als Entfernung der Luftblasen zweier Nachbartracheiden 1 mm an, so berechnet sich die Druckdifferenz in der Luft zweier Nachbartracheiden, welche noch im Stande ist, die Filtration zu bewirken, zu $\frac{0.044}{14\,400} = 0.000003$ Atmosphärendruck. Berechnet man in ähnlicher Weise die Druckdifferenzen, wie sie unter normalen Verhältnissen vorkommen, so bekommt man wohl solche von doppelter bis dreifacher Intensität der obigen. Es ist aber schwer zu sagen, welche maximalen Druckdifferenzen unter normalen Verhältnissen im transpirirenden Baume vorkommen können und zwar desshalb, weil offenbar die Vertheilung der Luftdruckdifferenz keine gleichmässige ist. Weder die Transpirationsgrösse, noch die Wasserzufuhr durch die Wurzeln ist eine gleichmässige, vielmehr von den mannigfachsten äusseren Verhältnissen abhängige, und es ist doch nicht anzunehmen, dass jene äusseren Einflüsse sich sehr schnell durch das ganze Bauminnere ausgleichen werden. Ich werde gleich zeigen, dass die Wasseraufnahme durch die Wurzeln aller Wahrscheinlichkeit nach gar nicht vom Luftdruck bedingt wird, dass wir die Ursache des Wassersteigens im Holze streng trennen müssen von der Ursache der Wasseraufnahme durch die Wurzeln. Wenn das richtig ist, dann wird aber eine vorübergehende Erwärmung des Bodens an einem heissen Tage oder ein warmer Regen eine Steigerung der Wurzelthätigkeit, eine periodische Erhöhung der Wasseraufnahme durch die Wurzeln herbeiführen, die sich gleichsam wie eine Welle durch den ganzen Stamm nach oben fortsetzt. Es ist mir sehr wahrscheinlich, dass man dann, wenn man den Wassergehalt eines Baumes in sehr kurzen Höhenabständen untersuchen würde, die graphische Darstellung viel mehr eine unregelmässige Wellenform annehmen würde, während jene Verbindungslinien der entfernteren Sectionshöhen unserer Versuchsbäume gerade Linien bilden.

Sachs sagt, es sei noch unerklärt, wie man sich die Wirkung des Luftdruckes an der Wurzeloberfläche zu denken habe.

Hierzu möchte ich mir ebenfalls einige Worte erlauben. Es ist gewiss nicht zu leugnen, dass, da das Bodenwasser ebenso wie die Oberfläche der Wurzelhaare und die ganze Wurzel einem vollen Atmosphärendrucke ausgesetzt sind und in den leitenden Organen des Holzkörpers luftverdünnte Räume vorhanden sind, eine Wasserbewegung dorthin lediglich in Folge der Druckdifferenz zu den Möglichkeiten gehört. Allerdings ist es schwer, sich den Process klar zu machen. Ich verzichte, mich auf Speculationen hierüber einzulassen und zwar desshalb, weil ich eine Einwirkung des äusseren Luftdruckes auf den Eintritt des Wassers in die Wurzeln und die Wanderung desselben durch das Parenchym zu dem Holztheil der Gefässbündel gar nicht für nothwendig erachte. Es genügt doch offenbar zur Erklärung des Wassersteigens im Holzkörper der Bäume die Luft, die im Holze selbst sich befindet, und wenn nachgewiesenermassen diese Luft am unteren Ende des Baumes bedeutend dichter ist, als im oberen, so kann man die Luft ausserhalb der Pflanze ganz ausser Betracht lassen.

Die Wasseraufnahme durch Wurzelhaare und Wurzelparenchym erfolgt wahrscheinlich ganz unabhängig von Luftdruckdifferenzen auf endosmotischem Wege und die in hohem Grade auffällige Abhängigkeit der wasseraufsaugenden Thätigkeit der Wurzeln von der Temperatur des Bodens spricht für die

Annahme, dass wir es dabei mit einer Function des plasmatischen Inhaltes der lebenden Wurzelzellen zu thun haben. Ist der Boden sehr kalt, so hört die Wasseraufnahme fast ganz auf, mag die Binnenluft des Baumes stark verdünnt sein oder nicht, ist der Boden dagegen warm, und sind zahlreiche frische Wurzelhaare vorhanden, dann erfolgt eine energische Wasseraufnahme.

Die Aussenluft wird nur dann eine hervorragende, ja die einzige Ursache der Wasseraufnahme, wenn es sich um Stecklinge, beschnittene Wurzeln u. dgl. handelt, wenn also der Holzkörper direct mit dem Aussenwasser in Contact tritt und als saugender Körper wirkt.

Die grosse Verschiedenheit im Wassergehalte der Bäume, die durchaus nicht allein von der Geschwindigkeit der Transpiration, sondern vielmehr von der Bodentemperatur abhängig ist, würde sich gar nicht erklären lassen, wenn man auch die Wasseraufnahme aus dem Boden auf Luftdruckdifferenzen zurückführen wollte. Bei allen untersuchten Bäumen, mit Ausnahme der Birke, habe ich den Maximalgehalt an Wasser im Juli gefunden d. h. zur Zeit, wo doch aller Wahrscheinlichkeit nach die grösste Verdunstungsgeschwindigkeit vorlag, zumal im Jahr 1881, in welchem durch die Monate Mai und Juni bis zum Tage der Untersuchung klares, trockenes und heisses Wetter geherrscht hatte. Die grosse Schnelligkeit der Wasseraufnahme war hier zweifellos der Thätigkeit des Wurzelparenchyms im feuchteren Boden zuzuschreiben, nicht aber der Differenz des äusseren und inneren Luftdruckes.

Wenn ich nicht zu irren glaube in der Annahme, dass die Grösse der Wasseraufnahme fast ganz unabhängig sei von der inneren Lufttension und von der dieselbe bestimmenden Verdunstungsgeschwindigkeit, so ist damit umgekehrt nicht gesagt, dass die Transpirationsgrösse auch unabhängig sei von der Geschwindigkeit der Wasseraufnahme aus dem Boden.

Ich habe schon in Heft II auf Seite 38—45 die Veränderungen des Wassergehaltes der Bäume vorzugsweise aus Bodentemperatur und Bodenfeuchtigkeit, sowie aus dem Vegetationszustande der Wurzeln herzuleiten gesucht. Hier möchte ich nur noch daran erinnern, dass es eine grosse Anzahl von Vegetationserscheinungen giebt, die dafür spricht, dass die Wasseraufnahme eine Function des lebenden Wurzelparenchyms und dabei ganz oder doch fast ganz unabhängig von der Transpirationsgrösse und der inneren Lufttension sei.

Ich erinnere nur an die Erscheinungen des Blutens und Thränens bei Bäumen und Kräutern, an die scheinbare Thaubildung bei warmem Boden und feuchter Atmosphäre. Die lebhaft gesteigerte wasseraufsaugende Thätigkeit der Wurzeln setzt sich fort auch dann, wenn die volle Sättigung der Gewebe und Zellräume der Pflanze eingetreten ist.

Umgekehrt wird auch bei lebhafter Transpiration und grösstem Wassermangel der Pflanze die Wasseraufnahme scheinbar nicht im geringsten beschleunigt. Auf nasskaltem Boden sind Vertrocknungserscheinungen an den Nadeln junger Kiefernpflanzen, sogen. Schüttekrankheiten beobachtet worden, wahrscheinlich weil bei tiefer Temperatur auch im nassen Boden der physiologische Process der lebenden Wurzelzellen auf ein Minimum herabsinkt. Ich verweise auf das, was ich in meinem Lehrbuche der Baumkrankheiten über diese Erscheinungen gesagt habe.

Wird durch kalte Bodentemperatur die Wasseraufnahme verhindert, so kann man bekanntlich Pflanzen in relativ feuchter Umgebung zum Welken bringen.

Diese Andeutungen mögen genügen, um meine Ansicht zu bestätigen, dass die Wasseraufnahme von der Transpirationsgrösse unabhängig ist, dass sie also nicht oder fast nicht durch den Luftdruck veranlasst wird, sondern durch die endosmotische Thätigkeit des Inhaltes der lebenden parenchymatischen Wurzelzellen.

Dass die Transpirationsgrösse beeinflusst wird von der Quantität der Wasseraufnahme durch die Wurzelspitzen, erscheint mir nicht zweifelhaft. Erfolgt nämlich reichlicher Nachschub von unten, und ist in den tieferliegenden Pflanzentheilen der Luftdruck ein relativ grosser, so wird auch die Schnelligkeit der Wasserbewegung zum Orte des Verbrauches, woselbst die Luftverdünnung eine grosse ist, eine bedeutendere sein, als dann, wenn die Wasseraufnahme aus dem Boden sehr langsam stattfindet. Im letzteren Falle ist auch im unteren Pflanzentheile die Luft sehr verdünnt, die Differenz der Tension im oberen und unteren Baumtheile ist geringer, und bei geringer Druckdifferenz verlangsamt sich der Filtrationsprocess von Zelle zu Zelle, die transpirirenden Blätter erhalten nicht genug Wasser, um ihre Straffheit zu bewahren und welken, oder sie geben doch nicht so leicht das Wasser her als vollgesättigte Blätter, d. h. sie verdunsten weniger Wasser, gehen ökonomischer mit dem Wasser um, die Spaltöffnungen schliessen sich wahrscheinlich mehr u. s. w.

Ich zweifle nicht, dass eine grosse Reihe von Erscheinungen, die bisher nicht wohl erklärt werden konnten, in befriedigender Weise Aufklärung findet, wenn man die Ursache der Wasseraufnahme scharf sondert von der Ursache der Wasserbewegung im Holzkörper, wenn man die erstere als eine Function der lebenden Wurzelzellen, die abhängig ist von Temperatur u. s. w., betrachtet, letztere dagegen als Folge verschiedener Lufttensionen in der Binnenluft des Baumes.

Ich gebe nun noch die Resultate eines Versuches, welcher über die Saugkraft Aufschluss geben sollte, die im wasserarmen Splintholze der eingesägten Fichte eingetreten war.

Um die Saugkraft, die sich im normalen und im eingesägten Baume bei Darbietung von Flüssigkeiten erkennen lässt, vergleichen zu können, wurde am 21. November an einer unverletzten Fichte von 100jährigem Alter, in einer

Höhe von 0.77 m über dem Boden ein knieförmig gebogenes Glasrohr eingelassen, welches mit dem unteren freien Ende in einen Messcylinder mit Wasser eingetaucht war. In anfänglich kürzeren, später längeren Zwischenpausen wurde die Summe des aufgesogenen Wassers notirt und ergaben sich folgende Geschwindigkeiten.

Nach	2¾ Minuten betrug die Aufsaugung	2 ccm Wasser,	also pro Minute	0.73 ccm
„	weiteren 7¼ Minuten betrug sie	4 „ „	„ „ „	0.55 „
„	„ 8 „ „ „	4 „ „	„ „ „	0.5 „
„	„ 12½ „ „ „	6 „ „	„ „ „	0.48 „
„	„ 37½ „ „ „	20 „ „	„ „ „	0.53 „
„	„ 142 „ „ „	54 „ „	„ „ „	0.38 „
„	„ 39 „ „ „	10 „ „	„ „ „	0.256 „

In den ersten 68 Minuten belief sich die Saugung auf 36 ccm.
In der Gesammtsaugungszeit von 249 Minuten betrug sie 100 ccm, also 0.401 pro Minute.

In gleicher Weise wurde nun an dem vor einem Monate, d. h. am 1. October vom Wind geworfenen eingesägten Fichtenstamme, der noch nicht aufgearbeitet war, bei einer Entfernung von 6 m oberhalb des Sägeschnittes operirt.

Nach	2¾ Minuten betrug die Aufsaugung	1 ccm Wasser,	also pro Minute	0.37 ccm
„	weiteren 7¼ Minuten betrug sie	3 „ „	„ „ „	0.41 „
„	„ 8 „ „ „	3 „ „	„ „ „	0.375 „
„	„ 12½ „ „ „	6.5 „ „	„ „ „	0.52 „
„	„ 37½ „ „ „	18.5 „ „	„ „ „	0.49 „
„	„ 951 „ „ „	152.0 „ „	„ „ „	0.16 „

In den ersten 68 Minuten belief sich die Saugung auf 32 ccm.
In der Gesammtsaugungszeit von 1016¼ Minuten betrug sie 184 ccm, also pro Minute 0.181.

Um einen Vergleich der Saugkraft beider Bäume anstellen zu können, dürfen nur die ersten gleich bemessenen Zeiträume in Betracht gezogen werden. Es zeigt sich dabei, dass der liegende Stamm etwas weniger Wasser eingesogen hat, als der normale stehende Baum, und zwar beträgt in den ersten 68 Minuten die aufgesogene Wassermenge bei ersterem 32 ccm, bei letzterem 36 ccm. Die Differenz ist an sich so gering, dass man sie wohl auf Zufälligkeiten schieben könnte bei Anfertigung des Bohrloches, in welches die Glasröhren eingelassen sind. Wenn auch bei Herstellung dieser Bohrlöcher mittelst desselben Centralbohrers mit grösster Sorgfalt darauf Bedacht genommen wurde, dass dieselben eine gleiche Tiefe u. s. w. erhielten, so wäre doch schon eine geringe Differenz der saugenden Grösse der Bohrlochwandung im Stande, obigen Unterschied zu erklären. Jedenfalls muss es aber auffallen, dass der liegende Stamm nicht viel schneller Wasser eingesogen hat, als der stehende, denn wenn auch gerade beim normalen Octoberstamm vom Jahre 1881 im unteren Stammende eine bedeutende Luftverdünnung (etwa 0.5 der Atmosphärendichtigkeit) vorliegt, so war doch anzunehmen, dass in dem eingesägten Stamme die Saugung, entsprechend der noch weit grösseren Luftverdünnung eine verhältnissmässig grössere sein würde. Vielleicht sind wir berechtigt, aus obiger Thatsache, d. h. aus der Erscheinung der nahezu gleichen Sauggeschwindigkeit beider Bäume den Schluss zu ziehen, dass die Bewegung des Wassers aus einer Tracheide in die andere durch Vermittelung der Hoftipfel einen gewissen Schnelligkeitsgrad nicht übersteigen kann. Ich erinnere an das, was ich über Bau und Bedeutung der Hoftipfel und der in der Mitte verdickten Schliesshaut gesagt habe. Wenn überhaupt jene Anschauung der Bedeutung der in der Mitte verdickten Schliesshaut als Sicherheitsventil richtig ist, so läge gerade im vorliegenden Falle bei jener bedeutenden Verschiedenheit der Luftdichte ausserhalb und innerhalb des Versuchsstammes die Wahrscheinlichkeit nahe, dass die Tipfel von ihrer Eigenschaft als Sicherheitsventile Anwendung machen, den zu schnellen Austausch der Druckdifferenzen verhindern, indem sie die Tipfelcanäle wenigstens theilweise schliessen und somit als Regulatoren für die Wassersteigung functioniren. Die Annahme liegt gar nicht so fern, dass gerade die grosse Luftverdünnung im Inneren der Tracheiden bei dem zweiten Stamme die Schnelligkeit der Aufsaugung beeinträchtigt, insofern sich bei dem plötzlichen Eindringen des Wassers die Klappen der Ventile schliessen und erst allmälig öffnen, nachdem ein langsamer Ausgleich der Luftdichtigkeitsdifferenzen zwischen je zwei Nachbartracheiden stattgefunden hat

Eine gewiss sehr interessante Erscheinung ist die hohe Empfindlichkeit des Cambiums gegenüber einem Aufhören der Wasserzufuhr aus dem Holze einerseits und der Unabhängigkeit vom Wassergehalte der Rinde andererseits.

Von der am 1. October durch den Sturm geworfenen dritten Versuchsfichte, die bereits bis dicht über 17 m Höhe, also nahe bis zur Hälfte von oben herab abgestorbene Rinde zeigte, wurde der Wassergehalt der Rinde pro 100 Frischvolumina festgestellt.

In der nachstehenden Uebersicht stelle ich die gefundenen Zahlen in Vergleich mit den Wassergehaltsziffern der normalen Bäume, wie sie aus den Tabellen 26—31 des vorigen Heftes zu ersehen sind.

Wassergehalt der Rinde pro 100 Frischvolumina.

Baumhöhe	2. Januar	4. März	19. Mai	4. Juli	12. October	1. October Eingeschnitt. am 15. Juli	Bemerkung
0.3	—	—	—	—	—	50.1	Unter d. Schnitt
1.5	54.3	48.9	53.2	50.2	48.9	46.6	Oberhalb des Schnittes
4.6	55.1	50.9	58.0	48.8	52.0	50.4	
10.8	53.1	49.1	53.5	47.5	52.8	51.5	
17.0	48.9	45.6	55.2	48.5	52.0	48.3	

Aus den vorstehenden Zahlen geht deutlich hervor, dass eine bemerkbare Verminderung des Wassergehaltes der Rinde nur unmittelbar oberhalb des

Sägeschnittes eingetreten ist, woselbst wohl die directe Verdunstung nach der Schnittfläche zu die Abnahme des Wassers bewirkt hatte.

Selbst bei 17 m Höhe, an einer Stelle, wo bereits braune Flecken in der Rinde auftraten, die allerdings aus den untersuchten Proberindestücken herausgeschnitten wurden, zeigte sich noch ein Wassergehalt von 48.3 %, d. h. mehr Wasser als z. B. im Märzstamme, nahezu ebensoviel als im Januar- und Julistamme. Es ist nun die Frage zu beantworten, woher es kommt, dass trotz eines so reichlichen Wassergehaltes der Basthaut und Rinde doch ein Absterben und Braunwerden eintrat. Offenbar kann dem eine zweifache Veranlassung zu Grunde liegen, entweder tritt das Absterben ein nach vorhergehendem allzustarkem Austrocknen des Protoplasmas, oder aber es erfolgte eine Quetschung der zarten Zellen durch den Druck der Luft in den Intercellularräumen der äusseren Zellschichten der Rinde, welchem von Seiten des Holzkörpers bei der bedeutenden Verdünnung der Binnenluft auf 0.16 des Atmosphärendruckes kein entsprechender Gegendruck entgegenwirkte.

Man wäre selbst berechtigt, anzunehmen, dass mit der so bedeutenden Verdünnung der Holzluft der auf der ganzen Rinde lastende Atmosphärendruck eine Compression der zarten Cambialzone ausüben müsste. Dass dem Protoplasma der Cambialzellen von dem saugenden Holzkörper Wasser entzogen worden wäre, und desshalb ein Vertrocknen eintrat, ist mir weniger wahrscheinlich, weil ja der Holzkörper noch so wasserreich war, dass nicht allein die Wandung gesättigt, sondern auch das Lumen noch etwa 70 % Wasser führte.

Wäre Vertrocknen die Ursache des Absterbens, so würde sich doch in unmittelbarster Nachbarschaft der braunen Rindenstelle eine Verminderung des normalen Wassergehaltes nachweisen lassen, wass aber nicht der Fall war.

Fasse ich zum Schlusse die wichtigsten Resultate der Versuche zusammen, so glaube ich dieselben so formuliren zu dürfen:

Die Wasseraufnahme durch Wurzelhaare und Wurzeloberfläche und die Leitung bis zu den jüngsten Organen des Holzkörpers erfolgt auf endosmotischem Wege und ist eine Function der lebenden Wurzelzellen, die von der Bodentemperatur u. s. w., nicht aber vom Luftdrucke abhängig ist. Die Wanderung des Wassers im Holzkörper aufwärts erfolgt nicht in der Wandung, sondern durch Filtration von Zelllumen zu Zelllumen. Nur die zarte Schliesshaut der Tipfel resp. die zarten Wandflächen der ringförmig oder spiralig verdickten Organe lassen das Wasser durch sich filtriren. Da, wo die leitenden Organe mit den Parenchymzellen der Wurzel oder der Blätter in Berührung treten und es darauf ankommt, den Wandungen der Parenchymzellen Wasser zu entziehen oder solches an sie abzugeben, finden sich ringförmig oder spiralig verdickte Organe, wodurch der Austausch erleichtert und doch die

Entstehung eines luftverdünnten Raumes im Inneren der leitenden Organe ermöglicht wird. In dem secundären Holze, d. h. in den von der Markröhre entfernter liegenden Organen sind die Hoftipfel die Filter für das Wasser. Ist der Luftdruck auf beiden Seiten derselben ein gleich grosser, so lässt die Schliesshaut kein Wasser durch. Sie wird aber schon bei geringen Druckdifferenzen filtrationsfähig, weil die zarte und elastische Haut am Rande der verdickten Platte sich sehr ausdehnt, wenn auch nur ein geringer Druck auf die Platte ausgeübt wird. Die Platte dient zugleich als Sicherheitsventil, indem sie den Hoftipfel schliesst, wenn die Ausdehnung der Schliesshaut eine gewisse Grenze erreicht hat.

Beim Nadelholze stehen die Tipfel auf den Radialwänden, wesshalb nur innerhalb der Jahrringe, d. h. in peripherischer Richtung Wasserbewegung möglich ist. Nur die letzten Herbstholztracheiden besitzen Tipfel auf der Tangentalwand, um das Cambium mit Wasser zu versorgen.

Beim Laubholz stehen die Tipfel auf allen Seiten der Organe; desshalb bewegt sich das Wasser auch leicht in radialer Richtung über die Jahrringsgrenzen hinaus. Die Tracheiden des Nadelholzes stehen in der Tangentalanschauung in ungleicher Höhe nebeneinander, wodurch das Wassersteigen von einer Zelle zur Nachbarzelle ermöglicht wird.

Die leitenden Organe sind zu jeder Jahreszeit mit tropfbar flüssigem Wasser und Luft erfüllt. Letztere zeigt nur dann den vollen Atmosphärendruck oder zeitenweise sogar Ueberdruck, wenn die Verdunstung sehr gering, die Wasserzufuhr von den Wurzeln aus sehr gross gewesen ist.

In der Regel ist die Binnenluft mehr verdünnt als die Atmosphäre. Dies gilt besonders für die oberen Baumtheile. Ich habe durch den Vergleich der Wasser- und Luftraumvertheilung in den Bäumen zu verschiedenen Jahreszeiten gefunden, dass immer dann, wenn der Wasserverlust grösser gewesen war, als die Wasserzufuhr durch die Wurzeln, die Luft je weiter nach oben um so mehr sich hatte ausdehnen, also verdünnen müssen.

Hierdurch entsteht eine von dem Drucke der Aussenluft völlig unabhängige Luftdruckverschiedenheit in dem oberen und unteren Baumtheile, die zur Folge hat, dass die untere, dichtere Luft das Wasser im Lumen der Organe von einer Zelle durch die einseitig ausgedehnte Schliesshaut der Tipfel in die nächst höhere Nachbarzelle presst. Die kleinen Wassersäulen im Inneren eines jeden Organes werden durch die Capillarkraft getragen, so dass sich das Gewicht derselben nach unten durch die Schliesshäute hindurch nicht fortpflanzt. Die verdunstenden Blattzellen entziehen ihren Wasserbedarf auf endosmotischem Wege den zarten Wandungstheilen der spiralig verdünnten Tracheiden resp. Tracheen. Die Transpirationsgrösse hat auf die Wasseraufnahme keinen Einfluss, während umgekehrt die Grösse der Wasseraufnahme die Verdunstungsgrösse beeinflusst.

Der Grundgedanke der vorstehend kurz entwickelten Wassersteigungstheorie ist nicht neu, sondern bereits früher von J. Böhm wiederholt ausgesprochen. Dass dieselbe in ihren Einzelnheiten nicht unwesentlich von der Böhm'schen Anschauung abweicht, dass sie auf Grund der ausgeführten Untersuchungen und Experimente den Process klarer erläutert und begründet, und insbesondere eine Reihe bisher unerklärter anatomischer Eigenthümlichkeiten des Holzkörpers physiologisch aufhellt, verkürzt das Verdienst Böhm's in keiner Weise. Die Folgezeit wird nun lehren, ob wir in dieser wichtigen Frage auf der richtigen Fährte sind. Die jüngste Veröffentlichung von Fred. Elfving in der Botanischen Zeitung*) bringt zunächst eine sehr werthvolle Bestätigung. Die interessanten, eingehenden Untersuchungen dieses Forschers haben gezeigt, dass die der Imbibitionstheorie zu Grunde liegende Annahme einer leichten Verschiebbarkeit des Wassers in den Wandungen der Holzorgane thatsächlich nicht besteht. Elfving kommt auf einem ganz anderen Wege, wie der war, den ich einschlug, zu Resultaten, die mit den von mir erlangten im vollsten Einklange stehen.

Möchten die vorliegenden Untersuchungen dazu beitragen, der physiologischen Forschung endlich zur vollen Lösung der so verwickelten Lehre von der Wasserbewegung zu verhelfen.

München, 25. October 1882.

Vervollständigung der Tabelle über den Einfluss des Holzalters und der Jahrringbreite auf die Menge der organischen Substanz, auf das Trockengewicht und das Schwinden des Holzes.

Von **Dr. Robert Hartig.**

Im II. Bande der Untersuchungen hatte ich Seite 46—63 die Verschiedenheiten des Holzes besprochen und zu erklären versucht, welche einerseits dem Einflusse des Alters, andererseits der Jahrringbreite zuzuschreiben sind. Die Tabelle 47 enthielt eine Zusammenstellung aus all den Holzstücken, welche den 43 zur Untersuchung gezogenen Bäumen angehörten. Eine solche Zusammenstellung hat selbstredend einen um so grösseren Werth und giebt die gesetzmässigen Verhältnisse um so sicherer, eine je grössere Anzahl von Probestücken untersucht worden ist.

Ich habe desshalb unter Hinzufügung der nachträglich gefällten Versuchsstämme, die in der vorangehenden Abhandlung besprochen worden sind, die nachfolgende Tabelle neu zusammengestellt:

*) Ueber die Wasserleitung im Holze von Fr. Elfving. Bot. Zeitung Nr. 42.

Vervollständigte Tabelle über den Einfluss des Holzalters und der Jahrringbreite

auf die Menge der organischen Substanz, auf das Trockengewicht und das Schwinden des Holzes.

Zahl der Splint-stücke	Zahl der Kern-stücke	Durch-schnittliche Jahrringbreite	Organische Substanz in 100 Cubikcentim.		Specifisches Trocken-gewicht		Schwinden beim Trocknen pro 100 Frischvolumina	
		mm	Splint (Gramm)	Kern (Gramm)	Splint	Kern	Splint	Kern
Eiche.								
17	12	1.0 — 1.5	54.3	58.9	65.3	67.8	16.8	13.1
10	28	1.6 — 2.0	56.6	60.1	67.8	69.0	16.5	12.5
6	22	2.1 — 2.5	57.5	60.0	69.3	69.3	17.1	12.1
3	6	2.6 — 3.0	59.1	61.3	72.2	69.8	18.1	12.1
36	68	Durchschnitt	55.9	59.9	67.2	69.0	16.9	12.6
104		Splint u. Kern	58.5		68.3		(13.9) 14.1 (10.5) (12.2)	
Rothbuche.								
20	19	0.5 — 1.0	57.6	56.2	67.7	68.0	15.3	17.2
11	30	1.1 — 1.5	57.3	57.0	69.4	70.0	15.4	17.6
9	19	1.6 — 2.0	58.0	57.7	69.4	69.6	16.5	17.1
8	8	2.1 — 2.5	59.9	56.6	71.0	68.2	15.6	17.0
4	—	2.6 — 3.0	62.4	—	76.1	—	17.8	—
52	76	Durchschnitt	58.2	56.9	69.5	69.2	15.8	17.3
128		Splint u. Kern	57.5		69.3		(13.1) 16.7 (13.8) (13.5)	
Birke.								
6	—	0.5 — 1.5	51.7	—	61.9	—	16.6	—
12	8	1.6 — 2.5	50.4	49.3	60.7	58.9	16.9	16.2
24	15	2.6 — 3.5	49.6	48.0	59.6	57.2	16.7	16.0
8	8	3.6 — 4.5	47.9	47.9	58.8	56.1	15.1	14.7
50	31	Durchschnitt	50.1	48.3	60.0	57.4	16.5	15.7
81		Splint u. Kern	49.4		59.0		(13.5) 16.2 (12.7) (13.2)	
Alte Fichte.								
17	—	1.1 — 1.5	40.8	—	47.8	—	14.8	—
17	4	1.6 — 2.0	38.3	41.5	44.1	47.8	13.2	13.2
16	13	2.1 — 2.5	38.9	40.1	45.0	46.2	13.2	13.1
10	24	2.6 — 3.0	38.5	37.3	44.7	42.5	13.7	12.0
2	24	3.1 — 3.5	35.1	38.1	40.2	43.0	12.7	12.1
+	17	3.6 — 4.0	—	36.7	—	41.2	—	10.8
—	15	4.1 — 4.5	—	36.2	—	41.0	—	11.3
—	10	4.6 — 5.0	—	37.1	—	41.2	—	10.0
—	5	5.1 — 5.5	—	34.1	—	37.2	—	8.5
62	112	Durchschnitt	39.0 (38.4)	37.6 (38.4)	45.3 (44.4)	42.4 (43.8)	13.7 (13.3)	11.6 (12.3)
174		Splint u. Kern	38.1		43.5		(9.4) 12.3 (7.3) (8.0)	

Zahl der Splintstücke	Zahl der Kernstücke	Durchschnittliche Jahrringbreite	Organische Substanz in 100 Cubikcentim.		Specifisches Trockengewicht		Schwinden beim Trocknen pro 100 Frischvolumina	
			Splint	Kern	Splint	Kern	Splint	Kern
		mm	Gramm					
		Junge Fichte.						
3	—	1.6—2.0	38.5	—	44.2	—	12.5	—
3	—	2.1—2.5	39.2	—	45.5	—	13.8	—
6	—	2.6—3.0	37.7	—	42.6	—	11.6	—
9	—	3.1—3.5	34.9	—	39.4	—	11.4	—
8	—	3.6—4.0	36.0	—	40.5	—	11.1	—
4	—	4.1—4.5	35.7	—	39.9	—	10.8	—
33	—	Durchschnitt	36.5(38.3)	—	41.3(43.7)	—	11.6(12.4)	—
		Alte Kiefer.						
7	—	0.5—1.0	42.7	—	48.9	—	12.5	—
16	—	1.1—1.5	43.2	—	49.2	—	11.8	—
14	—	1.6—2.0	42.2	—	48.2	—	12.3	—
7	4	2.1—2.5	41.4	41.1	46.2	46.3	10.3	11.2
—	15	2.6—3.0	—	42.4	—	47.9	—	10.8
—	11	3.1—3.5	—	42.3	—	47.5	—	10.8
—	15	3.6—4.0	—	41.1	—	45.7	—	9.9
—	6	4.1—4.5	—	39.8	—	44.3	—	10.2
—	6	4.6—5.0	—	39.6	—	44.1	—	9.9
—	6	5.1—6.0	—	40.8	—	44.6	—	8.1
—	9	6.1—8.5	—	43.1	—	47.7	—	9.5
44	72	Durchschnitt	42.6	41.6(41.6)	48.4	46.4(46.6)	11.8	10.1(10.5)
116		Splint u. Kern	42.1		47.4		(8.5) 11.1 (6.9) (7.7)	
		Junge Kiefer.						
3	—	1.6—2.0	43.9	—	49.9	—	13.4	—
5	—	2.1—2.5	40.2	—	46.0	—	12.5	—
7	—	2.6—3.0	38.2	—	43.6	—	12.2	—
7	—	3.1—3.5	37.8	—	41.9	—	11.9	—
6	—	3.6—4.0	36.9	—	42.9	—	11.9	—
4	—	4.1—4.5	33.3	—	37.4	—	11.1	—
32	—	Durchschnitt	38.1(37.5)	—	43.3(41.1)	—	12.1(11.6)	—
		Lärche.						
7	—	0.5—1.0	43.1	—	49.3	—	12.0	—
5	—	1.1—1.5	47.0	—	54.7	—	14.1	—
—	6	1.6—2.0	—	46.4	—	52.1	—	10.8
—	4	2.1—2.5	—	46.1	—	52.2	—	11.3
—	6	2.6—3.0	—	46.9	—	52.1	—	9.6
—	3	3.1—3.5	—	42.5	—	46.6	—	9.1
—	3	3.6—4.5	—	40.1	—	44.0	—	8.8
12	22	Durchschnitt	44.7	45.1	51.6	50.3	12.9	10.1
34		Splint u. Kern	45.0		50.7		(9.9) 11.1 (6.1) (8.0)	

Da es nicht meine Aufgabe sein kann, hier das zu wiederholen, was ich im II. Bande ausgeführt habe, so begnüge ich mich mit der Bemerkung, dass die aus den Zahlen gewonnenen allgemeinen Gesetze durch die vervollständigte Tabelle nicht allein in keiner Weise geändert erscheinen, sondern im Gegentheil noch klarer hervortreten. Nur das sei zur Erläuterung der Tabelle hier nochmals bemerkt, dass die eingeklammerten Zahlen in der Spalte: „Organische Substanz“ bei Fichte und Kiefer die Durchschnittsgrössen der unter einander vergleichbaren Holzstücke geben. Um nämlich den Einfluss, den das Holzalter auf das Holz gleicher Jahrringbreiten ausübt zu erkennen, mussten bei Berechnung der unter dem Striche stehenden Durchschnittszahlen alle Holzstücke unberücksichtigt bleiben, die solchen Jahrringbreiten angehören, die entweder nur im Splinte oder nur im Kernholze auftreten. Es zeigt sich demnach, dass bei der Fichte bei gleicher Ringbreite das Holz der jungen Fichte 38.3, das Splintholz der alten Fichte 38.4, das Kernholz der alten Fichte 38.4 g organische Substanz auf 100 ccm Frischvolumen besitzt, mithin das Fichtenholz sich bis zu hohem Alter unverändert erhält. Das junge Kiefernholz dagegen besitzt nur 37.5 g, wird aber, nachdem es altes Kernholz geworden ist, um 4.1 g schwerer, d. h. es zeigt dann 41.6 g Substanz. Den Durchschnittszahlen der letzten Rubrik: „Schwinden“ sind eingeklammerte Zahlen beigefügt. Diese geben das Schwindeprocent bis zum Eintreten des „Lufttrockenzustandes“ an, über den der nachfolgende Artikel handelt.

Ueber das Verhältniss des lufttrockenen Zustandes der Hölzer zum absolut trockenen Zustande derselben.

Von

Dr. Robert Hartig.

Als ich die im Bande II beschriebenen Untersuchungen begann, war es meine Absicht, auch den sogenannten Lufttrockenzustand der verschiedenen Hölzer zu ermitteln und habe ich denn auch an den Probestücken von 17 Bäumen, nämlich an im Ganzen 282 Holzstücken den Lufttrockenzustand festzustellen gesucht, bevor ich dieselben durch Trocknen in den Trockenkästen auf den absolut trockenen Zustand brachte.

Zu dem Zwecke blieben die Holzstücke etwa 8 Wochen an einem dem ständigen Luftzuge exponirten und der directen Sonnenwirkung zugänglichen Orte liegen, bis sie keine merkliche Gewichtsabnahme zeigten oder vielmehr je nach dem Feuchtigkeitszustande der Luft an Schwere zu- oder abnahmen. Sie wurden sodann gewogen und im Xylometer gemessen, und hieraus liess sich die Menge des Wassers, welche bis zum Lufttrockenzustande entwichen war, sowohl auf das anfängliche Frischvolumen, als auch auf das anfängliche Frischgewicht berechnet finden. Es wurde auch das specifische Lufttrockengewicht berechnet.

Ich habe Seite 11 und 12 des II. Bandes die Gründe entwickelt, die mich veranlassten, in der zweiten Hälfte der Arbeit von diesen Ermittelungen Abstand zu nehmen. Einmal schwankt der Wassergehalt je nach dem Feuchtigkeitszustande der Atmosphäre so bedeutend, dass Zahlen von grossem, wissenschaftlichem Werthe kaum zu erzielen waren. Je kleiner die Holzstücke, je grösser mithin im Verhältniss zu Körpermasse die von der wechselnden Luftfeuchtigkeit beeinflussten äusseren Holzlagen sind, eine um so weniger constante Grösse repräsentirt der sogenannte Lufttrockenzustand. Dazu kommt zweitens noch der Umstand, dass die Volumbestimmung lufttrockenen Holzes dann eine wenig genaue sein wird, wenn es nicht gestattet ist, vor dem Eintauchen in Wasser das Eindringen desselben durch Tränken mit Oel u. dgl. zu verhindern.

Ich habe experimentell festgestellt, dass bei der Operation des Eintauchens solchen lufttrockenen Holzes 2.7 % des Holzvolumens an Wasser verloren geht. Wenn nun auch ein Theil hiervon, etwa 1 % erst nach der Ablesung des Wasserstandes eindringt oder aus den Xylometer in Tropfenform herausgezogen wird, so bleibt immerhin ein Wasserverlust von durchschnittlich 1.7 %, um welchen Betrag die Volumbestimmung zu klein ausfallen muss. Das überschreitet aber die zulässigen Grenzen bei streng wissenschaftlichen Arbeiten und somit gab ich diese Untersuchungsreihe später auf, und habe auch im Bande II nichts von den Resultaten veröffentlicht.

Es unterliegt nun aber keinem Zweifel, dass es für gewisse praktische Fragen von Interesse ist, zu wissen, wie viel Wasser noch im lufttrockenen Holze enthalten ist, zumal das specifische Gewicht der Hölzer hierdurch einigermassen beeinflusst wird. Wo es sich um technische Fragen handelt, wird man immer die Frage stellen, wie schwer ein völlig lufttrockenes Holz sei; das absolut trockene Gewicht hat für den Techniker ein geringeres Interesse.

Diese Erwägungen haben mich veranlasst, in der nachstehenden Tabelle die Resultate meiner Untersuchungen über den Lufttrockenzustand zusammenzustellen.

Das Verhältniss des lufttrockenen Zustandes der Hölzer zum absolut trockenen Zustande.

Holztheil	Zahl der Holzstücke	Wasserverlust beim Trocknen in Procent.				Wassergehalt des lufttrockenen Holzes in Procenten						Specifisches Gewicht	
		des Frischvolumens		des Frischgewichtes		des Frischvolumens	des Frischgewichtes	des gesammten Wassergehaltes		des lufttrockenen Volumens	des lufttrockenen Gewichtes	des lufttrockenen Holzes	des absolut trockenen Holzes
		lufttrocken	absol. trocken	lufttrocken	absol. trocken			in 100 ccm frischen Holzes	in 100 g frischen Holzes				
a	b	c	d	e	f	g	h	i	k	l	m	n	o
Eiche.													
Splint	17	41.1	45.7	39.7	44.8	4.6	5.1	10.1	11.4	5.3	7.5	71.2	67.2
Kern	30	37.9	43.3	35.9	41.5	5.4	5.6	12.5	13.5	6.0	8.3	72.2	69.0
·//.	47	39.1	44.2	37.4	42.7	5.1	5.3	11.5	12.4	5.8	8.1	72.2	68.3

Holztheil	Zahl der Holzstücke	Wasserverlust beim Trocknen in Procent. des Frischvolumens lufttrocken	absol. trocken	des Frischgewichtes lufttrocken	absol. trocken	Wassergehalt des lufttrockenen Holzes in Procenten des Frischvolumens	des Frischgewichtes	des gesammten Wassergehaltes in 100 ccm frischen Holzes	in 100 g frischen Holzes	des lufttrockenen Volumens	des lufttrockenen Gewichtes	Specifisches Gewicht des lufttrockenen Holzes	des absolut trockenen Holzes
a	b	c	d	e	f	g	h	i	k	l	m	n	o
							Rothbuche.						
Splint	21	43.3	48.4	41.1	46.1	5.1	5.0	10.6	10.8	5.9	8.1	72.7	69.5
Kern	28	32.5	37.8	34.3	40.2	5.3	5.9	14.0	14.6	6.1	8.5	71.8	69.2
·//.	49	37.3	42.5	37.2	42.7	5.2	5.5	12.3	12.9	6.0	8.3	72.1	69.3
							Birke.						
Splint	15	47.4	51.8	45.7	49.9	4.4	4.2	8.5	8.4	5.1	8.1	62.6	60.0
Kern	9	42.1	46.4	43.6	47.9	4.3	4.3	9.3	9.0	4.8	8.0	61.8	57.4
·//.	24	45.4	49.8	44.9	49.1	4.4	4.2	8.8	8.6	5.1	8.1	62.2	59.0
							Fichte.						
Splint	27	61.0	64.7	58.9	63.0	3.7	4.1	5.7	6.9	4.1	8.6	47.2	45.3
M. u. K.	43	21.3	26.1	31.4	37.7	4.8	6.3	18.4	16.7	5.2	11.5	44.1	42.4
·//.	70	36.6	41.1	42.0	47.5	4.5	5.5	10.9	11.6	4.9	10.8	45.3	43.5
							Kiefer.						
Splint	22	50.6	55.0	51.4	56.1	4.4	4.7	7.1	8.4	4.8	9.5	50.3	48.4
M. u. K.	36	19.9	24.1	27.1	33.6	4.2	6.5	17.4	19.3	4.5	9.3	48.7	46.4
·//.	58	31.3	35.6	36.3	42.1	4.3	5.8	12.1	13.8	4.7	9.4	49.6	47.4
							Lärche.						
Splint	12	45.7	49.7	46.8	51.1	4.0	4.3	8.0	8.4	4.4	8.3	53.7	51.6
M. u. K.	22	14.5	19.5	22.8	29.7	5.0	6.9	25.6	23.2	5.3	10.2	52.2	50.3
·//.	34	26.0	30.6	31.7	37.6	4.6	5.9	15.0	15.7	5.0	9.5	52.7	50.7

Die Tabelle erfordert einige erläuternde Bemerkungen:

Da ich nur die im Monat März, Mai und Juli gefällten Bäume bei der Zusammenstellung berücksichtigen konnte, so repräsentirt der Wasserverlust bis zum lufttrockenen oder völlig trockenen Zustande auch nicht den mittleren

Wassergehalt der Bäume im ganzen Jahre, sondern eben nur aus dieser Periode. Wir sind somit nicht berechtigt, aus diesen Zahlen irgend einen Vergleich zwischen den Holzarten anzustellen.

Die Birke z. B. ist in dieser Periode am wasserreichsten und auch im Splinte wasserreicher als im Kerne, was im Herbste und Nachwinter nicht der Fall ist.

Die Kiefer andererseits enthält in der Frühjahrszeit das Minimum an Wasser u. s. w.

Nachdem einmal feststeht, wie ungemein verschieden der Wassergehalt der Bäume im Laufe des Jahres sich gestaltet, hat es überhaupt kaum irgend ein Interesse, den mittleren Wassergehalt des Jahres zu berechnen.

Ein Interesse bietet nur der Vergleich des Wasserverlustes bis zum lufttrockenen und bis zum absolut trockenen Zustande, der sich in Procentsätzen des Frischvolumens und des Frischgewichtes ausdrücken lässt.

Ich hielt es für angemessen, die Splintstücke von den Kern- und Mittelstücken (Grenze zwischen Kern und Splint) gesondert zusammenzustellen, um festzustellen, ob sich Verschiedenheiten zwischen den älteren und jüngeren Holztheilen in Bezug auf den Wassergehalt des lufttrockenen Holzes ergaben. Der auf der dritten Linie stehende Durchschnitt ist nicht das Mittel aus den beiden oberen Ziffern, sondern das Mittel aus der Gesammtzahl der untersuchten Holzstücke.

Aus den Verschiedenheiten des Wasserverlustes liess sich nun der Wassergehalt des lufttrockenen Holzes berechnen.

In der Regel beziehen sich die Angaben über den Wassergehalt lufttrockenen Holzes auf das Gewicht desselben. Man sagt: 100 g lufttrockenen Holzes enthalten x g Wasser. Diese Zahlen giebt die Spalte *m*. Offenbar kann es aber auch von Interesse sein, den Wassergehalt des lufttrockenen Zustandes in anderer Form auszudrücken, resp. zu erfahren. Ich habe desshalb in sechsfach verschiedener Weise denselben zum Ausdruck gebracht.

Spalte *g* giebt an, wie viel Wasser (beim Trocknen in der Luft) in 100 ccm frischen Holzes stecken bleiben.

Spalte *h* besagt, wie viel Wasser in 100 g frischen Holzes verbleiben.

Man kann aber auch wünschen, zu wissen, wie viel von dem ganzen Wassergehalt des frischen Holzstückes im Holze stecken bleiben, und habe ich dies in Spalte *i* und *k* berechnet.

Die für die Technik wichtigsten Zahlen sind aber in Spalte *l* und *m* enthalten, woselbst angegeben ist, wie viel Gramm Wasser in 100 ccm resp. in 100 g lufttrockenen Holzes noch enthalten sind.

Die Berechnung dieser Zahlen ist sehr einfach, sie lässt sich unter

Bezeichnung der Zahlen mit dem betreffenden Buchstaben der Spalte so ausdrücken:

$$g = d - c;\ h = f - c;\ i = \frac{g}{d};\ k = \frac{h}{f}.$$

Um den Wassergehalt pro Trockenvolumen zu finden, war allerdings zuvor die Volumenverminderung des Holzes bis zum Lufttrockenzustande aus den Einzeluntersuchungen zusammenzustellen.

Ich habe die Resultate dieser Arbeit in der Tabelle Seite 87 und 88 in Klammer unter die Schwindeprocente für den völlig trockenen Zustand gesetzt. Nachdem diese Procentsätze, die ich einmal mit x bezeichnen will, ermittelt waren, konnte leicht die Spalte l berechnet werden: $l = \frac{g}{100 - \mathrm{x}}$. Endlich ergab sich $m = \frac{l}{n}$.

Dem specifischen Gewicht des lufttrockenen Zustandes n habe ich zum Vergleiche das specifische Gewicht des absolut trockenen Zustandes zur Seite gestellt.

Ein allgemein wissenschaftliches Interesse beansprucht die Thatsache, die sich aus Spalte m ergiebt, dass alle drei Laubholzarten mit ganz unbedeutenden Differenzen genau gleichviel Wasser auf gleiche Gewichtstheile der lufttrockenen Substanz festhalten, nämlich 8 %.

Fasst man dagegen die drei Nadelholzarten zusammen, so ergeben diese rund 10 % des lufttrockenen Gewichtes an Wasser.

Eine genügend begründete Erklärung für diesen Unterschied des Nadelholzes und Laubholzes zu geben, bin ich zur Zeit nicht im Stande.

Rhizomorpha (Dematophora) necatrix n. sp.

Der Wurzelpilz des Weinstockes. — Der Wurzelschimmel der Weinreben. — Die Weinstockfäule. — Pourridié de la vigne. — Pourriture. — Blanquet. — Champignon blanc. — Blanc des racines. — Mal bianco.

Tafel VI und VII.

Von Dr. Robert Hartig.

In der Litteratur der letzten Jahre findet eine neue (?), verheerende Krankheit des Weinstockes häufige Erwähnung, die von den bisherigen Bearbeitern derselben nicht richtig erkannt worden ist, sondern entweder mit einem anderen Parasiten, einem Wurzelpilz der Nadelholzbäume, Agaricus melleus verwechselt, oder einem häufig an todten Weinstockwurzeln auftretenden Saprophyten Roesleria hypogaea irrthümlich zugeschrieben wurde.

Schnetzler*) theilt mit, dass nicht nur in den Weinbergen der Schweiz, sondern auch Savoyens und anderer Theile Frankreichs sowie Deutschlands sich eine Krankheit zeige, welche durch die Gegenwart eines Pilzmycels charakterisirt werde, welches alle unterirdischen Theile der Pflanze befalle, wobei oft in kurzer Zeit die Ranken verderben, die Blätter gelb werden und endlich der Stock ganz abstirbt.

Schnetzler untersuchte die Krankheit im Jahre 1877 und kam zu dem Schlusse, dass das parasitische Mycel die Rhizomorpha fragilis sei, welche nach meinen Untersuchungen **) das Mycel des Agaricus melleus ist und das Harzsticken der Nadelholzbäume sowie das Absterben einiger Laubholzbaumarten veranlasst. Zu dieser Annahme verleitete ihn zum Theil der Umstand, dass sich an einem Weinbergspfahl ein Fruchtträger des Agaricus melleus fand, und dass von jenem Pfahl Rhizomorphenstränge nach den Rebenwurzeln sich verbreiteten.

Derselbe Autor sah ferner ganze Anpflanzungen von Pfirsichen unter dem Einflusse desselben Mycels zu Grunde gehen und nach ihm können diese Bäume sowie Pflaumen, Mandeln, Aprikosen, die in den Weinbergen cultivirt werden, zur Weiterverbreitung dieses Parasiten des Weinstockes dienen.

---

*) Schnetzler. Observations faites sur une maladie de la vigne connue vulgairement sous le nom de „Blanc", Comptes rendus 1877. pag. 1141 ff.

**) Wichtige Krankheiten der Waldbäume. Berlin 1874.

Auch Planchon*) vermuthet in dem Wurzelpilze den Agaricus melleus, ohne jedoch die Fruchtträger selbst gefunden zu haben.

Millardet veröffentlichte zuerst im Jahre 1879 einen Aufsatz über die Weinstockfäule**) und soeben erhalte ich von demselben Herrn Verfasser eine ausführliche Bearbeitung dieser Krankheit***), auf welche ich im weiteren Verlaufe dieser Abhandlung mehrfach zurückkommen werde. Es sei hier zunächst nur erwähnt, dass der Verfasser sich durch eine gewisse Aehnlichkeit, welche das Mycel im Rindengewebe der Wurzeln, mit der Rhizomorpha subcorticalis besitzt, ebenfalls verleiten liess, den Pilz für Agaricus melleus anzusehen, wenngleich er ausdrücklich hervorhebt, dass es ihm nie geglückt sei, im Erdboden in der Nähe der Wurzeln die bekannten Stränge der Rhizomorpha subterranea oder gar Fruchtträger des Agaricus melleus zu entdecken. Es enthält im Uebrigen die genannte Arbeit eine Reihe sehr guter und sorgfältiger Beobachtungen und interessanter Mittheilungen.

Frank†) unterzog gleichfalls den Wurzelpilz des Weinstocks einer Untersuchung, beschreibt das Mycelium des Pilzes und die Krankheitserscheinungen, hat insbesondere durch Infectionsversuche an Feuerbohnen den Beweis des Parasitismus in zweifelloser Form erbracht, kommt aber ebenfalls zu dem irrigen Schlusse, dass der Wurzelpilz des Weinstockes entweder identisch oder doch nahe verwandt mit dem Agaricus melleus sei. Ein ganz bestimmtes Urtheil wagt Frank übrigens noch nicht auszusprechen, vielmehr reservirt er sich dasselbe in den Worten: „Die Uebereinstimmung mit dem Agaricus melleus ist allerdings nach meinen (Frank's) Untersuchungen eine so grosse, dass sie zu dieser Annahme (der Identität des Weinstockpilzes mit Agaricus melleus) zu zwingen scheint, und auch das nachgewiesene Vorkommen auf Kräutern dürfte nicht dagegen sprechen. Trotzdem ist diese Annahme so lange unerwiesen, als man nicht die Fruchtträger des Pilzes aus dem Mycel der kranken Reben hat hervorgehen sehen oder erfolgreiche Infectionen damit ausgeführt hat.“ . . . .

Dieselbe Krankheit, welche von den vorgenannten Schriftstellern dem Agaricus melleus zugeschrieben wird, schreibt eine Mehrzahl anderer Beobachter der Roesleria hypogaea zu, einem Pilz, dessen Fruchtträger zuerst von Roesler bei Mühlheim auf todten Weinstockwurzeln gefunden wurden.

Es seien hier nur folgende Abhandlungen angeführt:

Le Monnier††) fand in den Weinländereien von Bouillonville (Meurthe et Moselle) kranke Weinstöcke auf rundlichen Flecken von verschiedener

*) Comptes rendus de l'Academie des Sciences, du 13 janvier 1879.

**) Millardet: Le Pourridié de la vigne, Comptes rendus 11 août 1879.

***) Millardet: Pourridié et Phylloxera. Étude comparative de ces deux maladies de la vigne. Avec quatre planches. Paris 1882.

†) Frank. Die Krankheiten der Pflanzen. Breslau 1880. Seite 516—520.

††) Sur un champignon parasite de la vigne (Bullet. Soc. des Sci. de Nancy). Paris 1881.

Ausdehnung am Südabhange der Weinhügel, die vollständig das Gepräge der von der Phylloxera befallenen Pflanzen trugen. Die Untersuchung zeigte aber keine Spur von der Anwesenheit der Phylloxera. Dass diese nicht die Ursache der Krankheit sein könne, erhellte auch aus den Aussagen der Winzer, die erklärten, dass die betreffende Krankheit immer dagewesen sei, aber niemals rapide Ausbreitung gezeigt habe. Die Wurzeln waren völlig gesund (!?), nur der vom Boden umgebene Stammtheil war tief alterirt. Seine braune erweichte Rinde löste sich unter dem Drucke des Fingers leicht ab . . . . Le Monnier fand an diesen Stöcken Fruchtträger der Roesleria hypogaea, die er für den Erzeuger der Krankheit hält.

Prillieux*) berichtet über die Ausdehnungen, welche die Wurzelfäule (Pourridié) des Weinstockes in der Haute-Marne, bez. im Arrondissement Langres angenommen habe. Sie erstrecke sich bereits über 125 Gemeinden und 1500 Hect. Weinland. Diese Wurzelfäule sei verschieden von der im Süden Frankreichs auftretenden, durch den Agaricus melleus veranlassten. Sie werde vielmehr erzeugt durch die Roesleria hypogaea. Man beobachte den Pilz in allen Bodenarten. Am rapidesten schreite die Krankheit in den mergeligen und thonigen Bodenarten vor, in feuchten Jahren mehr als in trockenen; an abschüssigen und niedrig gelegenen Terrains trete sie am intensivsten auf. Ueberhaupt begünstige Feuchtigkeit und tiefe Bodenlage die Vegetation des Parasiten am meisten. Als wirksamstes Mittel zur Bekämpfung des Uebels wird Durchlüftung des undurchlässigen Untergrundes empfohlen. Bei Neuanpflanzung möge man ferner eine grössere Pflanzweite einhalten, damit der Parasit nicht so leicht wie jetzt von einer Pflanze zur anderen übergehen könne. Man dürfe aber durchaus nicht glauben, dass durch Ausroden der kranken Weinstöcke der Parasit auch sofort aus dem Boden entfernt werde. Derselbe könne vielmehr in demselben noch lange an den abgestorbenen und abgerissenen Wurzeln weiter vegetiren.

Garovaglio**) berichtet über eine Krankheit des Weinstockes in Norditalien, welche „mal bianco“ genannt werde und ausschliesslich an den Wurzeln und den Basaltheilen der Reben sich zeigt. Sie tritt hier in der Innenrinde, im Baste und der Cambialzone auf, ohne jedoch Holz und Korkgewebe anzugreifen. Sie zerstört die Parenchymzellen so, dass der Holzkörper offen zu Tage tritt oder nur von einer dünnen Scheide (Korkschicht oder noch nicht zerstörte Bastfasern) überdeckt erscheint. Mitunter bleiben die Reste der zerstörten parenchymatischen Gewebe als weisse oder gelbliche Schorfe stellenweise

*) Le Pourridié des vignes de la Haute Marne, produit par le Roesleria hypogaea (Comptes rendus 1881 p. 802).

**) La Vite e i suoi Nemici nel 1881 (Rendiconti del R. Istit. Lombardo di scienze e lettere. Milano Ser. II. Vol. XIV. Fasc. 18—19.

zurück. Die angegriffenen Reben gehen bald zu Grunde. Weder Pilzwucherungen noch Insectenstiche sollen die veranlassenden Momente der Krankheit sein.

F. v. Thümen*) constatirt das Auftreten der Krankheit in den weinbautreibenden Gebieten Oesterreichs seit 1879 und stellt die Behauptung auf, dass der die Krankheit erzeugende Pilz auf Reisig und anderen Holztheilen verbreitet sei und mit diesen in den Boden gelange. Dort ergreife er die Wurzeln und tödte den Weinstock. Die sorgfältigste Reinhaltung des Weingartenbodens von altem Holze sei das sicherste Mittel, sich vor dem Wurzelschimmel zu bewahren. Zuweilen soll nach Thümen der Boden des Weingartens selbst die Ursache der Krankheit sein. „Ist nämlich der Untergrund desselben ein allzu undurchlässiger, die obere Krume aber sehr lehmig oder thonig, dann verursacht die, in Folge dieser Umstände am Abfliessen oder Versickern verhinderte Nässe, indem sie stagnirt, leicht selbst eine Bildung von Pilzmycelien und die Wurzeln der Rebstöcke haben dann in der vorbeschriebenen Weise dadurch zu leiden“..... Die Mycelbildungen bezeichnet er als Fibrillaria xylotricha Pers. und stellt die Vermuthung auf, dass ein häufig auf todten Weinwurzeln zu beobachtender Pilz, Roesleria hypogaea die Fructificationsform des Wurzelschimmels sei. — Auf eine Kritik dieser und aller vorgenannten Arbeiten über den Wurzelpilz lasse ich mich nicht ein!

Als ich die Frank'sche Beschreibung des Wurzelpilzes las, war ich keinen Augenblick im Zweifel darüber, dass es sich nicht um das Mycel des Agaricus melleus handeln könne. Ich bat desshalb im October 1881 Herrn Schäfer, Vorstand der landwirthschaftlichen Schule zu Hagnau am Bodensee, welcher auch an Frank Untersuchungsmaterial gesandt hatte, mir eine Anzahl erkrankter Rebstöcke zuzusenden, was dann auch in der entgegenkommendsten Weise alsbald geschah, wofür ich meinen Dank an dieser Stelle auszusprechen nicht verfehle.

Ich war dadurch in die Lage versetzt, die Krankheit und den sie erzeugenden Pilz genau untersuchen zu können und durch Culturversuche mannigfachster Art, die ich über ein Jahr fortgesetzt habe, den Entwicklungsgang des Parasiten und die Entwicklungsgeschichte der Krankheit kennen zu lernen. Bevor ich das Wichtigere darüber mittheile, stelle ich aus den anfänglich erwähnten Mittheilungen der aufgeführten Autoren und des Herrn Schäfer die Daten über Verbreitung und Auftreten der Krankheit zusammen.

Die Krankheit scheint ihr hauptsächliches Verbreitungsgebiet in Süd-Frankreich, in der Schweiz, in Baden, in Oesterreich und wahrscheinlich im nördlichen Italien zu besitzen.

---

*) Ueber den Wurzelschimmel der Weinreben 1882.

Schnetzler hat dieselbe in der Schweiz und zwar bei Cully im Canton Waadt und bei Sitten an der Rhone im Canton Wallis festgestellt und erwähnt das Vorkommen der Krankheit in Savoyen und anderen Theilen Frankreichs.

Millardet untersuchte sie in den Weinbergen bei Nérac und la Vardac in der Gascogne und erwähnt eine sicherlich mit der vorliegenden Krankheit identische Wurzelfäule, welche bei Médoc und bei St. Julien auf Stellen in den Weinbergen sich zeigt, die mit dem Namen „martaouses" oder „terres bêtes" daselbst belegt wird.

Le Monnier berichtet über das Auftreten der Krankheit in den Departements Meurthe et Moselle, und Prillieux constatirte die Ausdehnung über 1500 Hect. im Departement Haute-Marne.

In Deutschland hat sie sich nach Schäfer im südlichen Baden und zwar sowohl am nördlichen Ufer des Bodensees, als auch bei Müllheim gezeigt. In Oesterreich ist sie nach Thümen seit 1879 an sehr vielen Orten aufgetreten. Endlich scheint sie sich nach den Mittheilungen von Garovaglio auch in Norditalien bereits eingebürgert zu haben.

Als wahrscheinlich muss es bezeichnet werden, dass die von Fuckel*) als „Gelbsucht des Weinstocks" bezeichnete, im Rheingau auftretende Krankheit demselben Parasiten zuzuschreiben ist. Es ist ebenfalls näher zu prüfen, ob nicht die von Bertoloni**) in der Umgebung von Bologna an verschiedenen Baumarten beobachtete Wurzelkrankheit, bei der ein weisses Mycel an den Wurzeln auftrat, sowie endlich die von Planchon***) in Frankreich in den Cevennen und an anderen Orten beobachtete Wurzelkrankheit der Kastanienbäume dem Wurzelpilz des Weinstockes zuzuschreiben ist. —

Unser Wurzelpilz ist in erster Linie verheerend an den W e i n s t ö c k e n beobachtet, aber längere Zeit übersehen, weil die äusseren Krankheitssymptome in hohem Grade an die Erkrankung durch die Phylloxera erinnern, so dass beide Krankheiten anfänglich oft mit einander verwechselt wurden, bis dann bei den vorgeschriebenen Nachforschungen nach der Reblaus dieser Wurzelpilz beobachtet wurde.

Schon die genannten Autoren führen an, dass derselbe Pilz P f i r s i c h b ä u m e, M a n d e l n, P f l a u m e n, A p r i k o s e n, welche in den Weinbergen angepflanzt waren, getödtet habe.

Schäfer berichtet, dass auch B o h n e n, K a r t o f f e l n, R u n k e l n, welche man an solche Stellen pflanzte, wo die Rebstöcke durch die Krankheit getödtet

*) Symbolae mycologicae pag. 359.
**) cf. Iust. botanischer Jahresbericht für 1877 pag. 100.
***) Comptes rendus 1878 pag. 573.

waren, unter denselben Erscheinungen zu Grunde gingen. Ich füge dem gleich hinzu, dass bei meinen Infectionsversuchen nicht nur verschiedene Sorten des edelen Weinstockes, sondern auch 2—5jährige Pflanzen von Quercus, Acer, Pinus silvestris und Laricio, Larix europaea, Picea excelsa und Abies pectinata in 1—2 Monaten zu Grunde gingen.

Es scheint somit die Annahme berechtigt zu sein, dass der Parasit noch auf vielen anderen Pflanzen gelegentlich verderblich aufzutreten vermag, wodurch die Vermuthung, dass die Wurzelkrankheit der Kastanienbäume, die seit 1871 in Frankreich verheerend aufgetreten ist, sowie die bei Bologna beobachtete Wurzelkrankheit an Ficus carica, Juglans, Prunus, Rosa, Rhamnus alaternus, Corylus Colurna etc. demselben Parasiten zuzuschreiben sei, an Wahrscheinlichkeit gewinnt.

Da, wie bereits oben bemerkt wurde, auch krautartige Gewächse und Stauden (Bohnen, Runkeln, Kartoffeln) von dem Pilz getödtet werden, so haben wir in ihm, dem Anscheine nach, einen Parasiten vor uns, welchem bezüglich seiner Wirthspflanzen kaum irgend welche Grenzen gezogen sind.

Was nun das Auftreten der Krankheit in den Weinbergen betrifft, so referire ich in Ermangelung eigener Beobachtungen nach der neuesten oben angeführten Arbeit von Millardet.

Die erkrankten Weinberge sehen genau so aus, als wären sie von der Phylloxerakrankheit befallen. Die inficirten Flächen bilden Fehlstellen von verschiedener Grösse, in deren Mitte die Stöcke todt sind, während dieselben im Umfange nur mehr oder weniger schwächlich erscheinen. Die Fehlstellen vergrössern sich fortwährend.

Der Verlauf der Krankheit ist sehr charakteristisch und sehr gut unterschieden von dem der Phylloxerakrankheit. Wenn die Stöcke, welche in der Umgebung einer Fehlstelle stehen, ungewöhnlich viel Früchte erzeugen, so kann man sicher sein, dass sie schon seit einigen Monaten erkrankt sind. Im folgenden Jahre bleiben die Ranken schwach und erreichen höchstens 15—30 cm Länge; die Ernte ist gleich Null und die Stöcke sterben gewöhnlich schon vor Winter ab. Ein einmal erkrankter Stock ist immer verloren. Die todten Stöcke leisten beim Herausreissen mit der Hand fast gar keinen Widerstand. An den Stellen, wo sie abbrechen, hat das Holz des Stammes wie das der Wurzeln seine Härte und Festigkeit verloren, es ist gleichsam macerirt, locker, von gelber oder brauner Farbe und oft mit Feuchtigkeit durchtränkt. Die Rinde ist aussen schwarz, und wenn man die Rindenschuppen ablöst, was sehr leicht, fast von selbst geht, so wird man durch die Gegenwart, aus weissem, sehr feiner Watte ähnlichem Filz bestehender baumartiger Bildungen überrascht, an denen mehr oder weniger breite, mehr oder weniger reichliche Verästelungen sich befinden. Diese bilden abgeplattete Stränge, welche zwischen die verschiedenen

Rindenschuppen kriechen. Diese Stränge hält Millardet für die Rhizomorpha subcorticalis.

An die vorstehenden allgemeinen Bemerkungen knüpft Millardet eine Darstellung der eigenen Beobachtungsergebnisse in einem von ihm genau untersuchten erkrankten Weinberge.

Die kranke Stelle, welche derselbe Gelegenheit hatte, zu untersuchen, ist in dem Weinberge des Herrn Lacomme, zu Lavardac im Gouvernement Lot-et-Garonne gelegen. Sie grenzt an einen Eichenbestand, von dem sie nur durch einen Weg von 4 m Breite getrennt ist. Die Länge der kranken Stelle beträgt etwa 30 m und ihre Breite zwischen 15 und 20 m wenigstens in der Mitte, wo sie weiter in den Weinberg hineinreicht, als an den beiden Seiten. Ihre Gestalt ist nahezu die eines halben Kreises, dessen Durchmesser an den Eichenbestand angrenzt und die Flächenausdehnung beträgt etwa 5—6 Ar. Der Boden ist thonig-kalkig und kieselerdereich, mässig dicht, tiefgründig, mehr trocken als feucht. Er besteht aus alten Alluvialbildungen.

Früher war der Eichenbestand weiter ausgebreitet. Vor 35 Jahren wurde ein Streifen längs des Waldes abgeholzt und gerodet, auf dem 10 Jahre später die jetzigen Weinstöcke gepflanzt wurden. Der Wuchs der letzteren war stets ausgezeichnet gewesen, bis vor 4 Jahren eine Gruppe von Stöcken bemerkt wurde, die sehr schwächlich waren und zwar am Rande des Weinbergs nahe an dem Wege, welcher ihn vom Walde trennt, etwa 5 m von diesem entfernt. Das war im Jahre 1876. Drei Stöcke starben in demselben Jahre; zu gleicher Zeit gaben die benachbarten Stöcke eine so reiche Ernte, dass Eigenthümer und Winzer dadurch in Erstaunen gesetzt wurden. Im folgenden Jahre gingen etwa 100 Stöcke zu Grunde und mussten ausgerissen werden. Herr Millardet besichtigte die kranke Stelle das erste Mal am 24. September 1878, also im dritten Jahre. Ein halb Dutzend Stöcke waren noch im Absterben begriffen und etwa 50 Stöcke in der Umgebung waren sehr schwach. Herr M. kehrte im April und September 1879 dorthin zurück. Die Krankheit hatte bis dahin keine grossen Fortschritte gemacht: sechs bis acht Stöcke waren todt und die Krankheit hatte sich auf etwa 20 Stöcke im Umkreis der kranken Stelle weiter verbreitet.

Dieser Weinberg besteht aus Jurancon, Malbec und noch einer anderen Sorte. Alle drei waren gleichmässig von dem Uebel ergriffen.

Nach den Mittheilungen von Lacomme und den Beobachtungen von Millardet war der Verlauf der Krankheit an dieser Stelle der folgende: Im ersten Jahre der Erkrankung tragen die inficirten Stöcke gewöhnlich eine sehr grosse Menge Trauben. Im zweiten Jahre sind die Ausschläge sparsam und kurz, dünn und verkümmert. Die Blätter sind auch viel weniger entwickelt; eine grosse Zahl erreicht nicht einmal die Grösse eines Fünffrankstücks.

Trauben fehlen! Eine grosse Zahl dieser Pflanzen erliegt vor dem Blattabfall; die meisten anderen gehen während des Winters zu Grunde, wenige nur erst im Verlaufe des dritten Jahres.

Es genügen also dem Parasiten 14—18 Monate, um Stöcke von 25jährigem Alter zu tödten. Keiner bleibt verschont; alles was sich im Umkreise der kranken Stelle befindet, ist dem Tode geweiht; aber ein Stock kann erst ein oder zwei Jahre später von der Krankheit ergriffen werden, nachdem die Nachbarstöcke bereits unterlegen sind.

Eine beachtenswerthe Thatsache ist noch die, dass die Blätter selbst auf den am meisten verkümmerten Individuen niemals eine Veränderung ihrer normalen grünen Farbe zeigen*).

Es ist auch bemerkenswerth, dass die Krankheit diejenigen Weinstöcke nicht ergreift, welche gerade an den Platz gepflanzt sind, auf welchem soeben Stöcke zu Grunde gegangen sind, wenigstens dann nicht, wenn die letzteren sorgfältig ausgerissen sind.

Vor zwei Jahren liess der Besitzer hundert junge Stecklinge an die Stellen pflanzen, von denen er soeben die todten Stöcke hatte ausziehen lassen. Keine dieser Pflanzen zeigt bis heute das geringste Anzeichen der Krankheit. Diese Thatsache wird durch die Erfahrungen der Weinbauern des Landes bestätigt. Es ist wahrscheinlich, wenn nicht gar gewiss, dass dies ganz anders sein würde, wenn man nicht den faulen Stock herausrisse oder wenn grössere Wurzelfragmente mit der Rhizomorpha im Boden in der Nähe der neuen Pflanze zurückblieben **) . . . .

Ich gehe nunmehr zur Darstellung meiner Untersuchungsergebnisse über.

Als mir am 1. October 1881 durch die Güte des Herrn Schäfer eine grössere Anzahl erkrankter Weinstöcke zugesandt worden war, ergab schon die erste Besichtigung an einzelnen derselben Fruchtträger von Pilzen z. B. Polyporus Vailliantii, kleine Agaricusarten u. s. w. Bei der weiteren Cultur traten mindestens ein Dutzend Arten verschiedener Pilze, z. B. mehrere Pezizaarten, Roesleria hypogaea u. s. w. auf, die sämmtlich auf ihre Bedeutung für die Krankheit insoweit geprüft werden mussten, um die Ueberzeugung zu gewinnen, dass sie in keinem Zusammenhange mit dem Wurzelpilze des Weinstocks standen. Es bedarf kaum der Erwähnung, wie sehr hierdurch die Untersuchung der Krankheit erschwert, wie oft die Hoffnung getäuscht wurde, die

*) Diese Angabe steht im Widerspruch mit Frank's Mittheilung, nach welcher die oberirdischen Theile „gelb“ und welk werden. Sie würde auch der Vermuthung, dass die von Fuckel als „Gelbsucht“ bezeichnete Krankheit mit der Weinstockfäule identisch sei, widersprechen.

**) Auf diesen Gegenstand und die Ansicht Millardet's komme ich später ausführlich zurück.

jedesmal beim Auftreten von Pilzfrüchten an den vom parasitischen Mycelium behafteten Stöcken erweckt wurde. Um die Krankheit vom ersten Beginn an verfolgen zu können, pflanzte ich in sehr grosse Töpfe junge bewurzelte Weinreben verschiedener Sorten, ferner junge Pflanzen von Quercus, Acer, Pinus silvestris und Laricio, Larix europaea, Picea excelsa und Abies pectinata, zwei Töpfe besäte ich mit Bohnen und in einen Topf pflanzte ich Kartoffeln.

Alle diese Töpfe wurden in grosse Feuchträume gestellt, die im mässig geheizten Zimmer überwinterten. In jeden dieser Töpfe hatte ich Stücke der kranken Rebstöcke eingelegt, die etwa 1—2 cm unter der Bodenoberfläche lagen, oder es war neben der gesunden Pflanze eine erkrankte Rebe ordnungsmässig eingepflanzt. Eine Anzahl erkrankter Stöcke, so z. B. auch der Fig 7 dargestellte, wurde in grosse auf $^1/_4$ der Höhe mit Wasser erfüllte Cylindergläser gestellt, welche mit einer Glasplatte zugedeckt wurden. Einigen derselben wurden frische Wurzeln und abgeschnittene Pflanzen von Quercus und Acer beigegeben, an denen sich sofort der Parasit in gewaltiger Ueppigkeit entwickelte. Andere, wenig oder gar nicht erkrankte Stöcke wurden ins freie Land des Institutsgartens gepflanzt.

Ich gewann auf diesem Wege nicht nur ein reichliches Untersuchungsmaterial in allen Stadien der Erkrankung, sondern konnte auch die Entwicklung des Parasiten unter den verschiedenartigen äusseren Verhältnissen mit Sorgfalt studiren.

Die Erkrankung der gesunden Pflanzen, insoweit sie nicht durch die später zu erwähnenden Conidien erfolgt, geschieht durch unterirdische, selten, nämlich bei anhaltend feuchter Umgebung auch oberirdische, d. h. am Wurzelstock unmittelbar über dem Erdboden erfolgende Mycelinfection und ist hierbei ein Contact der gesunden Wurzel mit einer kranken nicht erforderlich. Das Mycelium des Parasiten wächst vielmehr auch in grösserer Bodentiefe mit grosser Ueppigkeit in der später zu beschreibenden Gestalt von Rhizoctoniensträngen (Fig. 6 *b*, Fig. 7 *b*), oder als wattenartige weisse Masse (Fig. 6 *a*, Fig. 7 *a*) vom Wurzelstock einer erkrankten Pflanze sicherlich mindestens auf 0.3 m Entfernung, wenn nicht noch weiter.

Aus grossen Blumentöpfen wuchs im Feuchtraume das schneeweisse Mycel in gewaltiger Ueppigkeit aus der Abflussöffnung im Boden hervor und verbreitete sich zwischen Topf und Boden des Feuchtraumes noch auf 1—1.5 dm Entfernung.

An hölzernen Etiketten, welche zur Signatur in den Boden der Töpfe gesteckt waren, wuchs es ebenfalls bis auf 1 dm empor in breiten, sich fächerförmig entfaltenden Pilzhäuten. Im Feuchtraume wuchs dasselbe auch an den oberirdischen Pflanzentheilen auf 1—2 dm empor. Wenn man kranke Rebenwurzeln in einem grossen, etwas Wasser enthaltenden Glasgefässe mit gesunden

Wurzeln von Eiche und Ahorn einschloss und mit einer Glasplatte das Gefäss bedeckte, so füllte sich das ganze, 2—3 Liter grosse Gefäss mit einer dichten, watteartigen Mycelmasse, die alles einhüllte, so dass nur noch eine weisse Masse sichtbar war. Gelangt nun das Mycel an die Wurzel einer gesunden Pflanze, so dringt dasselbe leicht ein, wenn sich Wundstellen als Einzugspforten darbieten, wie solche an den mehrjährigen Versuchspflanzen in reichlichem Maasse vorhanden waren, da ja beim Ausheben und Einpflanzen auch bei Anwendung grosser Sorgfalt solche nicht zu vermeiden sind. Viel schwieriger wird der Angriff bei ganz intacten Pflanzen, die fast überall durch eine Korkschicht gegen Angriffe geschützt sind. Am leichtesten erlagen die jungen Bohnenpflanzen. Schon während dieselben keimten, kam hier und da das wattenartige Mycel des Parasiten aus dem Boden hervor, in welchen kranke Reben eingelegt waren. Es überwucherte einzelne Keimpflanzen so, dass diese zu Grunde gingen, ehe das Stengelchen 1—2 cm Länge erreicht hatte. Die zarten Blättchen und Stengel bräunten sich und verfaulten schnell. Andere Pflanzen waren schon kräftiger entwickelt und erreichten eine Länge von 3 dm, während das Mycel von unten herauf am Stengel emporwuchs. (Taf. VI, Fig. 1).

Das Mycel legt sich anfangs epiphytisch der Stengeloberfläche an. Nach einiger Zeit sieht man die Gewebe unter dem Mycel sich bräunen, und wenn man sorgfältig einen kürzlich inficirten Stengeltheil einer Bohne genau untersucht, so findet man auch zahlreiche Stellen an scheinbar noch gesunden Stengeltheilen, welche erst kürzlich durch die anliegenden Mycelfäden durchbohrt, inficirt und gebräunt worden sind. Taf. VI, Fig. 2 zeigt eine solche Infectionsstelle. Der Mycelfaden liegt bei *a* den Epidermiszellen unmittelbar an, und hier ist zweifellos ein Seitenzweig in das Gewebe eingedrungen, dessen Spitze bei *b* deutlich sichtbar ist. Die Zellen der Epidermis und des darunter befindlichen Rindengewebes sind getödtet, da das Protoplasma sich von der Zellwand nach innen contrahirt und gebräunt hat. Die Zellwände sind ebenfalls braun gefärbt. Die grossen Intercellularräume des Rindengewebes erleichtern die Verbreitung des Pilzmycels, welches aber auch leicht in das Innere der Zellen selbst einzudringen vermag. Dies geschieht in ausgiebigster Weise, und das Mycel entwickelt sich im Inneren der Rindenzellen mit solcher Ueppigkeit, dass dasselbe ganz damit ausgefüllt wird (Taf. VI, Fig. 3) und eine ähnliche Bildung zu Stande kommt, wie im Rindenparenchym der von Rosellinia quercina befallenen jungen Eichenwurzeln*), die ich dort als gefächerte Sclerotien bezeichnet habe. Es unterscheiden sich diese Sclerotien von denen der Rosellinia quercina nur dadurch, dass die Wandungen der Rindenzellen nachträglich ganz aufgelöst werden und die ursprüngliche Gestalt der letzteren nur

*) Untersuchungen aus d. f. b. Inst. I, Taf. I, Fig. 8 u. 12. Lehrbuch der Baumkrankheiten Taf. VIII, Fig. 8 u. 12.

noch durch die abweichend gestalteten, weniger darmartig gewundenen, intercellularen Mycelfäden (Taf. VI, Fig. 3 *aa*) hervortritt, während das im Inneren der Zellen zur Entwicklung gelangte Mycel (Fig. 3 *bb*) ein regelloses Pseudoparenchym darstellt. Die Aussenrinde des befallenen Stengeltheiles stellt somit eine zusammenhängende Schicht (Taf. VI, Fig. 4 *aa*) farblosen Mycels dar, die nur von der zarten Cuticula (Fig. 3 *cc*) bekleidet ist. Es unterliegt keinem Zweifel, dass auch diese Mycelwucherungen bis zu einer gewissen Zeit befähigt sind, auszukeimen, wenn sie günstigen Keimbedingungen ausgesetzt werden.

Jene sclerotienartigen Mycelanhäufungen finden sich nur in dem eigentlichen parenchymatischen Rindengewebe (Aussenrinde) (Fig. 4 *bb*), während das innere Gewebe (Fig. 4 *cc*) frei davon ist. Da ersteres durch grosse Intercellularräume von dem letzteren unterschieden ist, so liegt der Gedanke nahe, dass das Vorhandensein grosser Intercellularräume die Entstehung dieser Mycelformen in irgend einer Weise bedingt. Möglich wäre es, dass die Verbreitung des Mycels durch die Intercellularräume so sehr beschleunigt wird, dass ein Eindringen der Pilzhyphen in das Zellinnere erfolgt, ehe das Protoplasma durch die Fermentwirkung des Pilzes getödtet, verändert und unfähig zu einer üppigeren Ernährung desselben gemacht wird. Sind dagegen die Pilzhyphen durch den Mangel grösserer Intercellularräume gezwungen, die Gewebe langsam von Zelle zu Zelle zu passiren, dann tödten sie gewissermassen immer schon im Voraus durch das in eine gewisse Entfernung wirkende Ferment die Nachbarzellen, zehren deren Inhalt auf und finden, wenn sie in das Innere gelangen, nicht mehr die Bedingungen zu einer üppigeren Entwicklung. Doch das ist zunächst eine Hypothese, die auch unrichtig sein kann, und die ich nur in Ermangelung einer besser begründeten Erklärung darbiete.

Hier und da sieht man Krystalldrusen von oxalsaurem Kalk sich ausscheiden (Fig. 4 *d*), wie das ja sehr allgemein bei Zerstörungen von Geweben durch Pilze beobachtet werden kann. Soweit als das Rindengewebe der Bohnenstengel von dem Parasiten ergriffen und getödtet ist, schrumpft dasselbe erheblich zusammen und legt sich der Innenrinde dicht an (Fig. 4 links), während die Rinde der gesunden Seite ihr normales Volumen beibehält. Die Grenze zwischen einem gesunden und erkrankten Stengeltheile ist in der Figur 4 dargestellt. In dem Bast- und Holzgewebe bis zum Mark dringt das Pilzmycel langsamer vor und zwar schneller zwischen den einzelnen Gefässbündeln, also gewissermassen durch die Markstrahlen. Desshalb ist auch in dem Stengelquerschnitt die Bräunung nach innen sehr ungleich weit vorspringend. Bei diesem langsamen Vordringen zeigt insbesondere das Rindengewebe die Eigenthümlichkeit, dass sich in den Intercellularräumen eine braune, körnige Substanz ablagert, die ähnlicher Beschaffenheit zu sein scheint, als die Ueberreste des plasmatischen

Zellinhaltes, die ebenfalls fein gekörnelt und braun erscheinen. Da im gesunden Zustande die Intercellularräume leer sind, so darf man annehmen, dass gewisse durch die Fermentwirkung des Pilzmycels gelöste Stoffe des Zellinneren oder auch der Zellwand von dem Pilz selbst nicht aufgenommen werden, sondern sich in dieser Form auch in den Intercellularräumen ablagern, während allerdings ein noch grösserer Theil unverdaulicher Zellsubstanzrückstände im Inneren der Zellen selbst verbleibt und dasselbe braun färbt. Ausser der vorbesprochenen Infection unverletzter Pflanzentheile kommt nun aber noch eine Infectionsart vor, welche vielleicht viel gefährlicher und schneller wirkend ist, nämlich die in Taf. VI, Fig. 5 dargestellte Infection an den offenen Stellen, die durch das Hervorbrechen der endogen entstandenen Wurzeln des Wurzelstockes entstehen. Der Stengel platzt durch das Hervordringen der Wurzel auf und in den Längsspalt ober- und unterhalb der herausgewachsenen Adventivwurzel dringt der Parasit ein, bräunt die Gewebe der Rinde und tödtet die Basis der Wurzeln und den ganzen Wurzelstock.

Es bedarf kaum der besonderen Erwähnung, dass der Tod der befallenen Pflanze bald eintreten muss, und dass oftmals der oberirdische Theil noch ganz gesund erscheint, während an Wurzelstock und Wurzel die Zerstörung der Gewebe durch den grösseren Theil derselben bereits eingetreten ist.

Die Infection zarter W e i n s t o c k w u r z e l n, insoweit dieselben von einer Korkschicht noch nicht geschützt sind, erfolgt zweifelsohne in derselben Weise, wie ich sie vorstehend für den Wurzelstock junger Bohnenpflanzen beschrieben habe, und wie sie an jungen Eichenwurzeln durch das Mycel der Rosellinia quercina*) vollzogen wird. Von den getödteten Faserwurzeln aus (Text-Fig. 2 *a*) gelingt es dem Mycel, in das Innere der stärkeren Wurzeln oder direct in die Rinde des unterirdischen Stockes zu gelangen. Um nun festzustellen, in welcher Weise die Infection ä l t e r e r, durch Korkschichten schon geschützter Wurzeln der Holzpflanzen vor sich geht, hob ich gesunde, kräftige Ahorn- und Eichenpflanzen aus, schnitt sie dicht über dem Wurzelstocke ab, oder schnitt auch kräftige Seitenwurzeln ab und pflanzte sie in einen Topf neben einen erkrankten Weinstock, so dass ein Theil der Wurzeln über den Boden hervorsah und in Contact mit kräftig vegetirendem, fädigem Mycel des Parasiten gebracht werden konnte. Etwa vier Wochen nach der Berührung des parasitischen Mycels mit der intacten Wurzeloberfläche ergab die Untersuchung die in Taf. VI, Fig. 6 u. 7 dargestellten Infectionsbilder. Das auf der Wurzeloberfläche dem Korkmantel eng anliegende Mycelium (Fig. 6 *aa*) war an vielen Stellen durch die äussersten Schichten des Korkmantels durchgedrungen und hatte sich zwischen den todten Korkschichten sehr kräftig entwickelt, so dass die halb linsenförmigen, sclerotien-

---

*) Untersuchungen I, Seite 9.

artigen Mycelwucherungen die äusseren Korkmäntel zersprengte (Fig. 6 *c*). Während nun an den meisten Stellen (z. B. Fig. 6 *b*) eine weitere Einwirkung nach innen nicht zu bemerken war, zeigte sich an anderen Stellen z. B. bei *c* nicht nur das ganze Korkgewebe unterhalb eines solchen Mycelnestes, sondern auch das parenchymatische Rindengewebe stellenweise gebräunt, und deutlich liessen sich Mycelfäden des Parasiten an solchen gebräunten Stellen erkennen. An einzelnen Stellen war nun der Process des Vordringens schon soweit vorgeschritten, wie dies in der Figur 7 dargestellt ist.

Man sieht hier, wie die Korkzellen der Peridermschicht von dem Mycelium des Parasiten auseinandergedrängt resp. theilweise aufgelöst sind, wie auch das Rindenparenchym bis nahe auf die in der Figur nicht mehr dargestellte Bastregion gebräunt und vom Pilzmycel durchwuchert ist. Die Folge der kräftigen Ernährung von innen ist das höckerartige Hervortreten der Mycelwucherung nach aussen. Es unterliegt auch nicht dem geringsten Zweifel, dass wenn auch sehr langsam, doch nach Wochen und Monaten der Parasit in unverletzte, durch Korkmäntel geschützte Wurzeln bis auf die Cambialregion vorzudringen vermag, dass er hier kräftig ernährt jene Form von Rhizomorphen anzunehmen vermag, die wir weiter unten beschreiben werden. Erleichtert wird das Eindringen durch Lenticellen und andererseits durch die feinen Seitenwurzeln, die ähnlich wie die Taf. VI, Fig. 5 zeigt, den Eintritt in das Gewebe der Pflanzen ermöglichten, ohne dass ein Korkmantel zu durchbrechen ist.

Bieten sich dem Parasiten irgend welche Verletzungen am Stock oder an den Wurzeln dar, so dringt von solchen Stellen das Mycel mit grosser Leichtigkeit ein, entwickelt sich zunächst an den abgestorbenen Gewebstheilen kräftig und dringt nun in Gestalt von Rhizomorphen eigener Art in das lebende Rindengewebe der befallenen Pflanze ein. In Taf. VI, Fig. 17 habe ich den Längsschnitt einer Ahornwurzel vergrössert dargestellt, in welche das fädige Mycel des Parasiten bei *b* eingedrungen war, während die Region der Schnittfläche *c* sich völlig intact und gesund zeigte. In einem Zeitraume von 4 Wochen war der Pilz von *b* aus in den Holzkörper auf 1 cm Tiefe eingedrungen und zwar nicht nur in die Gefässe, die völlig vom Mycel ausgefüllt waren, sondern auch in die anderen Elemente des Holzkörpers. Soweit der Pilz vorgedrungen war, zeigte sich makroskopisch eine dunklere Färbung. Im Rindenkörper hatte sich das Mycel so kräftig entwickelt, dass es in zahlreichen Rhizomorphensträngen bis *d* vorgedrungen war und die Gewebe völlig getödtet und gebräunt hatte.

An einer anderen Ahornwurzel, welche grossentheils im Wasser sich befand, war das Mycel in derselben Zeit 2 cm tief in Gestalt üppiger Rhizomorphen im Rindengewebe vorgedrungen (Taf. VII, Fig. 36, 37) und konnte, da die Rinde sich leicht loslösen liess, auf dem Holzkörper in Form von verästelten Strängen und breiten fächerförmig sich ausbreitenden Bändern erkannt werden.

In dieser Gestalt war die Aehnlichkeit mit der Rhizomorpha fragilis var. subcorticalis auf den ersten Blick eine frappante.

Untersucht man die Wurzeln eines noch lebenden, aber inficirten Weinstockes, so wird man bald einzelne Wurzeln auffinden, die entweder von der Spitze aus abgestorben und gebräunt sind, oder deren Spitze noch völlig gesund ist, die aber braune abgestorbene Stellen an älteren Theilen erkennen lassen. In nebenstehender Fig. 2 habe ich eine solche Wurzel, der Länge nach durchschnitten dargestellt. Der untere helle Theil ist mit Ausnahme der kleinen Faserwurzel *a* noch gesund, der obere Theil dagegen braun, und das fleischige Rindenparenchym lässt an vielen Stellen die Längs- oder Querschnitte der in demselben vegetirenden weissen Rhizomorphenstränge erkennen. Die Grenze eines gesunden und kranken Wurzeltheiles habe ich schwach vergrössert in Fig. 3 zur Darstellung gebracht. Man erkennt zu beiden Seiten mehr oder weniger nahe dem Holzkörper die weissen Rhizomorphenstränge, von denen zahlreiche Abzweigungen nach aussen hin verlaufen. Soweit diese Stränge vorgedrungen sind, ist das Rindengewebe und zugleich auch der Holzkörper braun gefärbt. In Fig. 4 habe ich endlich die Wurzel eines befallenen Weinstockes in der Aufsicht gezeichnet, nachdem mit einem Scalpell die lockeren, zersetzten Rindengewebe bis auf die nahe dem Holzkörper verlaufenden Rhizomorphenstränge entfernt worden sind. In der Figur habe ich links die Wurzel in ihrer ganzen Dicke durch eine feine Grenzlinie markirt, während ich auf der rechten Seite die in radialer Richtung nach aussen verlaufenden Abzweigungen der Rhizomorphen zur Darstellung gebracht habe, die wie ich später zeigen werde, entweder die Conidienträger des Parasiten auf sclerotienartigen Höckern erzeugen, oder zu rhizoctonienartigem Mycel auskeimen. Es lässt sich aus der letzten Figur deutlich erkennen, dass die Rhizomorphen nicht nur in radialer, sondern auch in peripherischer Richtung sich verzweigen und bei etwas welligem Verlaufe im Allgemeinen der Längsrichtung der Wurzel folgen. Nur da, wo die Rhizomorphe etwa von einer Seitenwurzel aus eine Wurzel angegriffen hat, verbreitet sie sich in zahlreichen Strängen strahlenförmig über den ganzen Umfang derselben (Fig. 4 *a*).

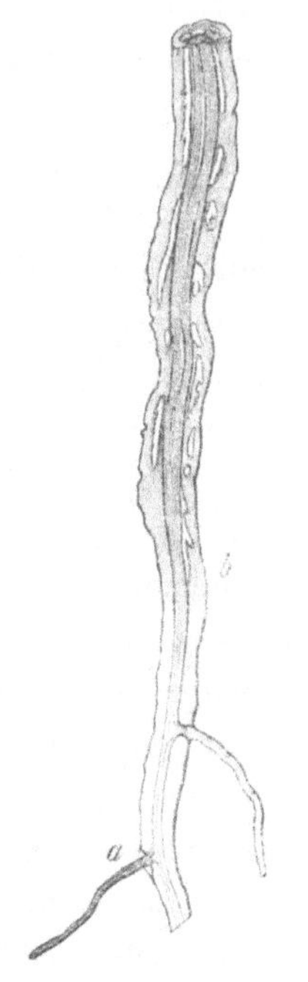

Fig. 2.
Längsschnitt durch die Wurzel eines Weinstockes, die im oberen Theile bis *b* von der Rhizomorpha necatrix getödtet und gebräunt ist, während der untere Theil noch gesund ist. In *a* ist eine von demselben Pilz getödtete Seitenwurzel, von der aus das Mycel in die Hauptwurzel einzudringen vermag.

Es dürfte kaum einen parasitischen Pilz geben, dessen Mycelbildungen so interessant und polymorph sind, als die des Wurzelpilzes des Weinstockes.

Wir werden in der Folge sehen, dass das Mycel ausserhalb der Wirthspflanze theilweise einfach fädig mit eigenartigen Verdickungen (Taf. VII, Fig. 24), theils als zarte Häute und Stränge (Rhizoctonien) (Taf. VII, Fig. 20), ferner in zweierlei Formen von Rhizomorphen (Taf. VII, Fig. 25—27 und Fig. 28—30) und endlich als Sclerotien (Taf. VII, Fig. 19) auftritt.

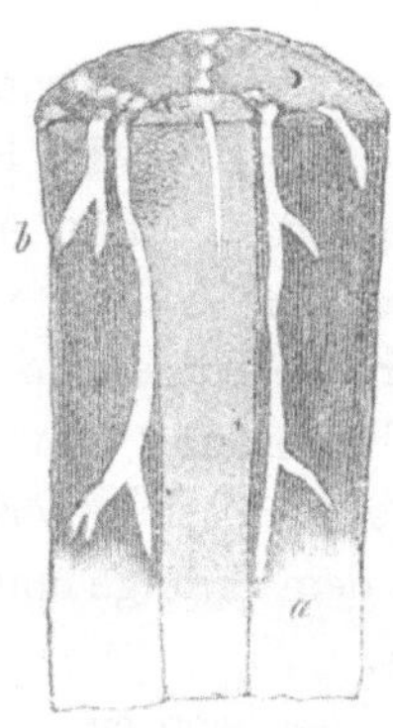

Fig. 3.
Die Grenze des gesunden und kranken Myceltheiles 5fach vergrössert. Die Rhizomorphenstränge verästeln sich häufig nach aussen, so dass einzelne Zweige bis zur Rinde bei *b* reichen.

Fig. 4.
Eine inficirte Weinwurzel, von deren Rindengewebe der grösste Theil weggenommen ist, um den Verlauf der Rhizomorphen im inneren Theile des Rindengewebes zu zeigen, welche von einer bei *a* gelegenen Seitenwurzel aus diese Wurzel ergriffen haben. Bei *b* entstehen die sclerotienartigen Bildungen, auf denen die Conidienträger zur Entwickelung gelangen. 5/1.

Im Inneren der Wirthspflanze bildet der Pilz ein fädiges Mycel, welches in und zwischen den Zellen einzeln oder zu mehreren vereint vegetirt (Taf. VII, Fig. 34, 35), oder es bildet gefächerte Sclerotien (Taf. VI, Fig. 3), oder wächst in Form zweierlei verschiedener Rhizomorphen, die von den ausserhalb der Pflanze vegetirenden Rhizomorphen völlig verschieden sind (Taf. VII, Fig. 37, 38) und (Taf. VI, Fig. 10—12 und Text-Fig. 5).

Ich beginne die Beschreibung mit derjenigen Rhizomorphenform, welche sich in dem lockeren, nur aus dünnwandigen Zellen bestehenden Rindengewebe der Weinwurzel entwickelt und welche wohl immer dann zur Ausbildung kommt, wenn die Rhizomorphe in lockerem Gewebe uneingeengt von sclerenchymatischen Geweben vegetirt.

Untersucht man die äusserste Spitze einer solchen Rhizomorphe, so sieht man, dass dieselbe aus zartwandigen, plasmareichen untereinander nicht verwachsenen, sondern nur parallel nebeneinander laufenden Hyphen von 1.5 bis 3 μ Durchmesser besteht, die auch keineswegs von gleicher Länge sind, von denen vielmehr manche den anderen etwas vorausgeeilt sind (Taf. VI, Fig. 11). Die Spitze bildet also keinen geschlossenen Gewebskörper, wie etwa die Spitze der Rhizomorpha fragilis, die nur von einer Hülle der Rhizomorphenoberfläche entsprossender und in Gallerte eingehüllter verästelter Hyphen umgeben ist.

Die einzelnen Hyphen wachsen vielmehr zwischen die Zellen des Rindengewebes, deren Wandungen auflösend, den unverdaulichen Theil des Zellinhaltes einschliessend.

Ich habe auf Taf. VI, Fig. 10 die Spitze einer solchen Rhizomorphe dargestellt (etwa die Stelle der Text-Figur 2 *a*) und in Taf. VI, Fig. 8 einen Querschnitt durch das Gewebe der Rhizomorphenspitze. Ein Auseinanderdrängen des Rindengewebes hat hier nicht stattgefunden, es sind vielmehr die Ueberbleibsel der Rindenzellen im Rhizomorphenstrange eingeschlossen.

In Fig. 10 erkennt man, dass in geringer Entfernung von der Strangspitze die Bräunung des Rindengewebes schnell seitlich sich verbreitet und zwar geschieht dies durch die Einwirkung des von dem Strange entspringenden fädigen Mycels, dass sich allseitig schnell verbreitet.

Als besonders charakteristisch muss es bezeichnet werden, dass nur die Hyphen an der äussersten Spitze ziemlich parallel der Längsaxe des Stranges wachsen. Seitlich z. B.: Taf. VI, Fig. 10 *b*, *b*, *b* haben die Hyphen sämmtlich eine schräge Richtung, etwa so wie die Haare eines Fuchsschwanzes, und sie verlieren sich im Rindenparenchym resp. im Holzkörper, die Zersetzung der Gewebe und offenbar rückwärts die Ernährung des Rhizomorphenstranges vermittelnd. Etwa $^1/_2$ mm hinter der Spitze sieht man einen Hohlraum entstehen, welcher wie bei Rhizom. fragilis mit dünnen, scharf contourirten Hyphen ausgefüllt ist, die dem sogenannten Mark der Rhizom. fragilis entsprechen.

In Fig. 10 ist der Hohlraum mit dem Mark im Längsschnitt erkennbar, der im mikroskopischen Bilde durch die reichliche Luft zwischen den Fäden dunkel, bei makroskopischer Betrachtung dagegen schneeweiss erscheint. Die Markfäden verlaufen vorwiegend in der Längsrichtung, doch sieht man an der Wandung des Hohlraumes die daselbst entspringenden Fäden meist zunächst der Mitte des Hohlraumes zuwachsen, wodurch ein fast filzartiges Geflecht entsteht. In Fig. 9 ist ein Querschnitt aus derselben Wurzel resp. demselben Rhizomorphenstrange wie Fig. 8 aber an einem älteren Theile dargestellt. Man erkennt in radialer Richtung drei Stränge (*a*, *b*, *c*) im Durchschnitte, wie sie etwa Fig. 3 des Textes bei *b* liefern würde; und ein vierter Strang (*d*) ist auf der linken Seite der Figur durchschnitten, welche in Fig. 8 noch gar nicht vorhanden war. Man sieht in jedem Strange den Hohlraum und eine breite aus Pseudoparenchym bestehende Rindenschicht, deren Innenwand die Markfäden entsprossen sind. Die Zellen in der Umgebung der Stränge sind nicht comprimirt, vielmehr sind letztere an die Stelle der Gewebezellen getreten, deren Rudimente in Gestalt wandungsloser brauner Körper in der Umgebung der Stränge zu erkennen sind. Der innerste Strang hat bei *e* durch Vermittelung eines grossen Markstrahls einen Fortsatz in den Holzkörper der Wurzel getrieben.

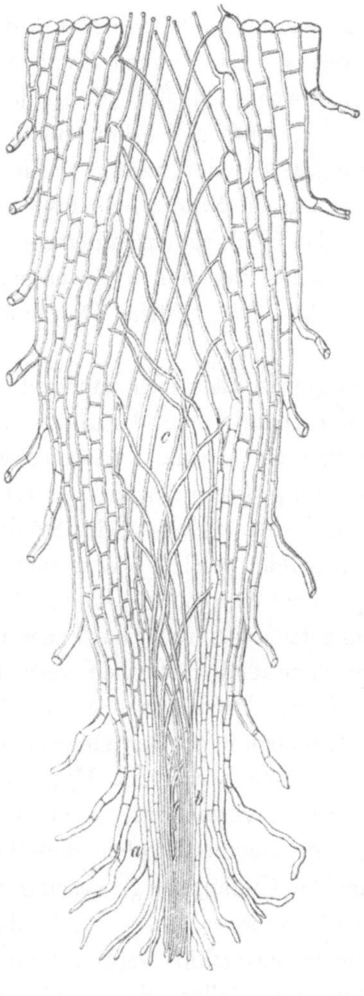

Fig. 5.

Schematisch gehaltener Längsschnitt durch die Spitze eines Rhizomorphenstranges. Die zarten Hyphen der Spitze nehmen bei *a* eine seitliche Richtung an, indem sie sich im Gewebe der Wirthspflanze verbreiten, während bei *b* durch Aussprossung neue Hyphen in der Mitte des Stranges entstehen, welche die ersteren ersetzen. Durch Verdickung der zu einem Pseudoparenchym verschmolzenen Randhyphen entsteht schon in der Region *b* der innere Hohlraum, der bei *c* seine volle Weite erreicht hat und mit zarten Markhyphen ausgefüllt ist. Die in der Oberfläche des Stranges frei werdenden Hyphen, welche in das Gewebe der Wirthspflanze ausbiegen, sind abgestutzt dargestellt.

Das genauere Studium der Rhizomorphe hat nun zu folgenden interessanten Resultaten geführt, die in der etwas schematisch gehaltenen nebenstehenden Fig. 5 und in der Taf. VI, Fig. 12 zur Darstellung gebracht sind.

An der äussersten Spitze des Stranges haben die plasmareichen Hyphen einen Durchmesser von 1.5 bis 3 μ und liegen dichtgedrängt zusammen. Ihre Wandung ist so wenig scharf contourirt, dass sie gleichsam eine gallertartige Grundmasse bilden, welche den plasmareichen Inhalt der einzelnen Hyphen von einander trennt (Taf. VI, Fig. 13). Unfern der Spitze gabeln sich einzelne Hyphen oder zeigen seitliche Aussprossungen, wodurch also die Zahl der Hyphen sich vermehrt, während die äusseren in die Gewebe der Wirthspflanze ausbiegen. Untersucht man die Region (Fig. 5 *b*) im Querschnitt, so erkennt man zweierlei Hyphen; im Centrum oder nahe demselben erkennt man den Durchschnitt von dünnen Hyphen (Taf. VI, Fig. 14 *a*), die nur etwas dickwandiger, im Ganzen aber nicht dicker sind, als die Hyphen der Strangspitze.

Die anderen Hyphen *b b* sind untereinander zu einem Pseudoparenchym verwachsen und haben ihren Durchmesser fast gleichmässig bis zur dreifachen Anfangsgrösse erweitert. Die dünnen Hyphen stehen zerstreut zwischen dem Pseudoparenchym, welches in der Mitte des Stranges unregelmässig auseinander getreten ist, und gleichsam einen grossen Intercellularraum, die Höhlung des Stranges gebildet hat (*c*). Ein Querschnitt bei Fig. 5 *c* durch die pseudoparenchymatische Strangrinde lässt erkennen, dass das ganze Gewebe von aussen bis an die Höhlung aus annähernd gleich grossen Zellen (Taf. VI, Fig. 15 *a*) besteht, deren innerste in Zusammenhang mit den dünnen Hyphen des Markes stehen (*b*). Der mittlere Durchmesser der Pseudoparenchymzellen beträgt 5—7 μ.

Aus dem Gesagten erklärt sich zunächst die Entstehung des Hohlraumes. Wenn die dünnen Hyphen nahe der Spitze sich sämmtlich gleichmässig vergrösserten, so würde ein normales geschlossenes Gewebe entstehen; da nun aber in der Mitte eine grössere Anzahl von Hyphen den Vergrösserungsprocess nicht mitmacht, so muss daselbst ein Hohlraum entstehen. Dieser würde vielleicht gerade ausgefüllt werden, wenn auch die dünnen Hyphen den Wachsthumsprocess mitgemacht hätten. Es kommt hierzu noch ein zweiter Umstand, nämlich die Gabelung der schon weiter nach aussen gelegenen Hyphen, wodurch sich die zur Rinde verschmelzenden Hyphen vermehren (cf. Taf. VI, Fig. 12 bei *a*).

Die Entstehung des Hohlraumes in der Rhizom. fragilis beruht bekanntlich auf letzterer Erscheinung. Der Hohlraum wird bei Rhizom. fragilis dadurch zu Stande gebracht, dass die Hyphen in den äussersten Theilen des Stranges sich bedeutend vermehren, bevor sie zur eigentlichen Rinde werden, während die Zahl der inneren Hyphen dieselbe bleibt. Durch die auf Zellenvermehrung beruhende Umfangsvergrösserung wird ein Hohlraum im Centrum zu Stande gebracht, welcher auch durch das bedeutende Wachsthum der einzelnen Zellen nicht ausgefüllt werden kann. Es ist zu beachten, dass in der Regel die äusseren Zellen der Rinde von Rhizom. fragilis erheblich kleiner sind, als die inneren, während bei unserer neuen Rhizomorpha das Gewebe der Rinde fast durchweg gleichmässig erscheint.

Kehren wir nunmehr, nachdem wir die Entstehung des Hohlraumes erklärt haben, wieder zur Betrachtung des Baues der Rhizomorphenstränge im Längsschnitt zurück, so fällt uns die schon in Taf. VI, Fig. 10 erkennbare, auch in der parenchymatischen Strangrinde sich erhaltende schräge Richtung der Hyphen auf. Während bei Rhizom. fragilis die Rindehyphen parallel der Längsaxe verlaufen und zusammen im gemeinsamen Vegetationspunkte an der Spitze endigen, beginnen die dem Pseudoparenchym der Rinde angehörenden Hyphen sämmtlich in der Wandung des Hohlraumes, verlaufen dann mehr oder weniger schräg nach aussen und lösen sich endlich aus dem Pseudoparenchym der Rinde auf der Aussenseite des Stranges los, um als fädiges Mycel in Rinde oder Holzkörper der Wurzel sich zu verbreiten. Untersucht man an der Innenseite der Strangrinde die, in den Hohlraum meist mehr oder weniger frei hineinragenden ersten Zellen der vorbeschriebenen Hyphen, so sieht man, dass sie nach oben, d. h. nach der der Strangspitze entgegengesetzten Seite mit einer dünnen Hyphe in Verbindung stehen oder richtiger gesagt, nichts weiter sind, als die in der Strangrinde liegenden, zu weitzelligem Pseudoparenchym angeschwollenen Fortsetzungen jener dünnen Markhyphen, welche sich in den älteren Theil der Stranghöhlung, d. h. in der Figur nach oben, der Rhizomorphenspitze entgegengesetzt verlieren. An denselben Zellen sieht man aber auch unterhalb der Spitze, dem Innenraume zugekehrt einen oder mehrere Markfäden entspringen, welche in entgegengesetzter Richtung, d. h. der Rhizomorphenspitze zu wachsen. Diese Markfäden entspringen durch seitliche Aussprossung zwischen der Rhizomorphenspitze und der mit *b* bezeichneten Regionen oder oft ganz nahe an der Spitze an den im Centrum liegenden Hyphen und erneuern stets an dem wachsenden Rhizomorphenstrange die Hyphen der Strangspitze, während die älteren zur Seite abbiegen und sich im Gewebe der Wirthspflanze als fädiges Mycel verlieren. Nur eine gewisse Strecke jedes solchen Hyphenfadens verwächst mit den Nachbarhyphen zu dem Pseudoparenchym der Rinde, dabei an Dicke bedeutend zunehmend, wie ich oben beschrieben habe.

Der gewiss hochinteressante Bau des Rhizomorphenstranges wird noch klarer werden, wenn wir uns den Verlauf und die Verzweigung einer einzelnen Hyphe, wie ich solche in Taf. VI, Fig. 12 dargestellt habe, veranschaulichen. Die bei *a* aus der Randzelle des Hohlraumes entsprungene Markhyphe *a b* tritt in die Rinde des Stranges ein, verwächst hier von *b* bis *c* mit den Nachbarhyphen zum Pseudoparenchym der Rinde, tritt bei *c* nach aussen frei hervor und verbreitet sich nun *c d* im Gewebe der Wirthspflanze. Bei *e* entsprossen ein oder mehrere (in der Figur habe ich zwei gezeichnet) Markhyphen, welche nach längerem Verlaufe in der Markhöhle wieder in die Wand eintreten, um abermals zur Bildung der Rinde beizutragen und dann sich in der Wirthspflanze zu verbreiten. Dies wiederholt sich fortwährend bis zur Strangspitze. Hier sehen wir die Hyphenspitze noch nicht verdickt, während schon bei *g* die Aussprossung erfolgt. Die zarten Hyphen *f* werden nachträglich zum Pseudoparenchym der

Rinde anschwellen, während ihre bei *f* fortwachsenden Spitzen sich im Gewebe der Wirthspflanze verlieren, wogegen die Aussprossungen *g* den Ersatz für jene bilden, nachdem sie sich verlängernd die Spitze des Rhizomorphenstranges erreicht haben. So erklärt es sich, dass wir an der Spitze des Rhizomorphenstranges nur gleich zarte Hyphen im Querschnitt antreffen, während in einer geringen Entfernung davon neben den zu Pseudoparenchym herangewachsenen Hyphen sich die Querschnitte von dünngebliebenen Fäden finden (Taf. VI, Fig. 14). Wie hierdurch der Hohlraum des Stranges entstehen muss, habe ich oben schon nachgewiesen.

Es leuchtet ein, dass dann, wenn der Strang in gleicher Breite und ohne Verzweigungen fortwachsen würde, es genügen müsste, wenn aus der frei in der Markhöhlenwandung liegenden Zelle des Rindenparenchyms jedesmal nur eine Hyphe aussprossen würde. Da aber vielfache Verästelungen des Stranges, zumal in der Richtung nach aussen, d. h. nach der Oberfläche der Wurzel vorkommen, so muss an solchen Stellen eine reichlichere Sprossung erfolgen, wie ich sie beispielsweise bei *e* gezeichnet habe.

Es sei noch darauf hingewiesen, dass, wenn auch im Allgemeinen selten, Verzweigungen der Hyphen sowohl in dem dünnbleibenden, in der Markröhre liegenden, als auch in dem zu Pseudoparenchym anschwellenden Theile auftreten (Fig. 12 oben), während das ausserhalb des Stranges im Gewebe der Wirthspflanze intercellular und intracellular vegetirende Mycel sich sehr reichlich verzweigt.

Endlich mag noch hervorgehoben werden, dass eine Bräunung der äusseren Theile der Rhizomorphenrinde gar nicht oder nur in geringem Maasse auftritt, während bekanntlich bei der Rhizom. fragilis sich auch im Gewebe der Wirthspflanze eine wenn auch nur dünne Lage der Rinde dunkelbraun zu färben pflegt.

Etwas abweichend von der vorbeschriebenen Form gestaltet sich die Rhizomorpha dann, wenn eine Verbreitung des Mycels in das Gewebe der Wirthspflanze streckenweise ganz oder fast ganz verhindert wird. Im Rindengewebe des Ahorn wechseln peripherische, nur von den Markstrahlen unterbrochene Zonen dickwandiger Bastfasern mit dem Weichbaste ab. Wächst nun eine Rhizomorphe in der innersten Weichbastzone (Tafel VII, Fig. 37 und 39), so wird auf der einen Seite durch den Holzkörper (*a*), auf der anderen Seite durch die sclerenchymatische Bastzone *b* das regelmässige Ausbiegen der Rhizomorphenspitze in das Gewebe der Wirthspflanze verhindert, und nur dann, wenn Markstrahlen die Organe des Holzes und andererseits des Hartbastes durchsetzen, bietet sich die Gelegenheit zur seitlichen Verbreitung des Mycels dar.

Durch diesen äusseren Zwang wird nun die in Taf. VII, Fig. 36—39 dargestellte Rhizomorphengestalt erzeugt. Zunächst äussert sich die Eigenthümlichkeit in dem Umstande, dass sich ähnlich etwa, wie bei Rhizom. fragilis wenigstens bis auf 1 cm von der Spitze entfernt die Rinde der Wurzel von der Rhizomorphe abschälen lässt ohne wesentliche Verletzungen der letzteren (Fig. 36), während in der Weinwurzel das Gewebe der Rinde mit der Rhizomorphe völlig verwachsen ist und nur durch Abpräpariren des Rindenparenchyms mit der Scalpellspitze die Rhizomorphe freigelegt werden kann.

Sodann bildet der Strang eine gleichsam abgestutzte Spitze (Fig. 37 *c*), in welcher mit Ausnahme der peripherisch gelegenen fast alle Hyphen in gleicher Ebene enden. Durch das nachträgliche Dickenwachsthum des Stranges wird ähnlich wie bei der Loranthuswurzelspitze der Hartbast *b* von dem Holze abgedrängt und so, wie durch einen ins Holz eindringenden Keil, ein Spalt vor der Spitze durch Zerreissung des Weichbastes gebildet, in welchen die Rhizomorphenspitze frei vorwärts wächst. Nur einzelne Randhyphen eilen oft etwas voraus, wohl in Folge kräftigerer Ernährung durch das sie berührende Weichbastgewebe. Diese Randhyphen sind es auch, die dann einerseits in die Markstrahlen des Holzes, anderseits in die der Rinde (Taf. VII, Fig. 38 *cc*) einbiegen und sich nun weiter in die Gewebe der Wirthspflanze verbreiten.

Nur ausnahmsweise gelangt auch einmal eine centrale Hyphe in den Markstrahl, wie dies Fig. 38 *dd* dargestellt ist. Es dürfte sich dieser interessante Fall wohl so erklären, dass die Mitte der Strangspitze seiner Zeit mit Weichbastzellen in der Weise etwa in Berührung kam, wie dies Fig. 37 bei *c* angedeutet ist und dass hierbei ein centraler Faden im Wuchs befördert und seitlich abgelenkt wurde, so dass er dann in den Markstrahl hineingewachsen ist, während die anderen Hyphen in der bisherigen Richtung an ihr vorbei weiterwuchsen.

Da das seitliche Ausbiegen der Randhyphen immer nur auf die Markstrahlen beschränkt bleibt, so bekommt der Verlauf der Hyphen sowohl nahe der Spitze als auch im Pseudoparenchym der Strangrinde einen nahezu parallelen Verlauf, ähnlich wie bei Rhizom. fragilis. Es ist ferner selbstverständlich, dass die Vermehrung der Hyphen in der Mitte der Strangspitze fast ganz aufhört, d. h. nur in dem Grade erfolgt, als in der Peripherie Hyphen zu den Markstrahlen abbiegen. Der Hohlraum, welcher unfern der Spitze durch die Vermehrung der in der äusseren Strangregion liegenden Hyphen ähnlich wie bei Rhizom. fragilis entsteht, ist desshalb fast ganz leer, und in diesen Hohlraum wachsen dann erst nachträglich wie bei Rhizom. fragilis feinere Markhyphen hinein (Fig. 37 *e*). Dass aber auch diese Form der Rhizom. necatrix nach demselben Grundtypus gebaut ist, wie die früher beschriebene und im Text (Fig. 5) abgebildete, unterliegt keinem Zweifel und giebt gerade der Fig. 38 *dd* abgebildete Fall den besten Beweis dafür.

Die wesentlichsten und charakteristischsten Unterschiede der Rhizom.

necatrix von der Rhizom. fragilis sind also folgende. Die Vegetationsspitze bei ersterer besteht aus frei neben einander verlaufenden Hyphen, deren äussere seitlich in die Gewebe der Wirthspflanze wachsen, während gleichzeitig im Centrum Vermehrung derselben und dadurch Ersatz für die abgezweigten Fäden eintritt.

Bei Rhizom. fragilis dagegen besteht die Vegetationsspitze aus einem kegelförmigen, gleichsam geschlossenen Gewebskörper. Alle in ihm endenden Hyphen wachsen ungetrennt weiter, ohne sich in die Gewebe der Wirthspflanze zu verbreiten. Erst in einer gewissen Entfernung von der Spitze entsprossen den Randhyphen rechtwinklig Mycelfäden, die sich im Gewebe der Wirthspflanze verbreiten. Ausserdem ist auch die ganze Oberfläche von regellos verästelten, derselben entsprungenen Hyphen bekleidet, deren Wandungen theilweise zu einer Gallerte aufgelöst sind.

Alle anderen Unterschiede sind mehr variabler Natur, zumal wenn man noch die Formen der Rhizom. necatrix ins Auge fasst, welche ausserhalb der Wirthspflanze zum Vorschein kommen.

Ehe ich aber zur Darstellung der Entwickelung des Parasiten ausserhalb der Gewebe der Wirthspflanze übergehe, sei kurz erwähnt, dass das an der Spitze der Rhizomorphe entspringende, späterhin natürlich von der Oberfläche des Stranges ausgehende, mehrfach schon erwähnte fädige Mycelium sich reich verästelt und theils intercellular, theils die Zellrinde durchbohrend die Gewebe der Rinde und des Holzes durchdringt, wobei es alle grösseren etwa vorhandenen Hohlräume zu üppigerer Entwicklung benutzt. So z. B. sind die grossen Gefässe des Weinstockes oft so dicht mit Mycel erfüllt, dass dies schon makroskopisch durch die weisse Färbung der Gefässe zu erkennen ist. Die kräftigeren Hyphen besitzen einen Durchmesser von 3—4.5 μ, sind septirt und zeigen nicht selten dieselben flaschenförmigen Ausbauchungen an der Spitze der Hyphenglieder (Taf. VII, Fig. 35 *a*, Fig. 34 *a*), die für das ausserhalb der Pflanze auftretende Mycel so charakteristisch sind. Auch verwachsen sie untereinander da, wo sie unmittelbar neben einander liegen, vollständig (Fig. 34 *b*), wo sie dagegen in sehr geringer Entfernung von einander liegen, treten häufig jochartige Verbindungen zwischen ihnen auf (Fig. 34 *c*).

Was nun die chemische Einwirkung auf die Gewebezellen der Wirthspflanze betrifft, so habe ich schon oben darauf hingewiesen, dass der protoplasmatische Inhalt schon auf geringe Entfernung von den Hyphen getödtet wird, sich von der Wandung loslöst und bräunt (Taf. VII, Fig. 35). In einer grossen Zahl der Zellen und der Gefässe tritt eine braune Substanz auf, welche entweder als Wandbeleg oder aber als eine homogene Masse, oftmals deutlich tropfenförmig der weiteren Zerstörung Widerstand leistet. Sie scheint besonders aus Holzgummi und Pflanzenschleim zu bestehen, für die Ernährung der Pilzhyphen indifferent, ohne aber schädlich zu sein, denn nicht selten wachsen Pilzhyphen durch solche Zellen hindurch (Taf. VII, Fig. 34 *e*). Die Stärkekörner leisten eine geraume Zeit der Pilzwirkung Widerstand, ja oft sind grosse Mengen von Stärkekörnern im Gewebe der Rhizomorphe eingeschlossen, wenn bereits die Zellwandungen des Rindenparenchyms völlig aufgelöst sind. Es kommen dann Bilder zu Stande, bei deren Anblick ein Laie zunächst glauben könnte, es seien die Stärkekörner in dem Pseudoparenchym der Rhizomorphe entstanden.

Was die Zellwandungen betrifft, so erfolgt bei intensiver Pilzwirkung, wie sie z. B. von den dicht gedrängten Hyphen der Rhizomorphenspitze ausgeübt wird, die Auflösung sehr schnell und die braunen Inhaltsmassen der einzelnen Zellen werden dadurch völlig isolirt (Taf. VII, Fig. 11).

Im Holzkörper der Weinstockwurzel, in welchen das Mycel vorzugsweise durch Vermittelung der breiten Markstrahlen eindringt, erfolgt eine sehr eigenartige Zersetzung der verholzten Wandungen. In Taf. VII, Fig. 32 habe ich einen Querschnitt durch gesundes Holz gezeichnet und zwar ein kleines Gefäss *a* mit Thyllen oder Füllzellen *b*, welches meist von dünnwandigen Parenchymzellen *c* und *d* (bei letzterem ist die getipfelte Horizontalwand zu sehen) umgeben ist, während die sehr dickwandigen, gekammerten Holzfasern *e* mit ihren feinen Tipfelkanälen und ihrer deutlich geschichteten secundären Wandung seltener unmittelbar an die Gefässe angrenzen.

Eine ähnliche Stelle aus einer erkrankten Weinwurzel habe ich Fig. 33 dargestellt. Das Gefäss *a* ist mit einer amorphen braunen Substanz (Holzgummi) erfüllt, in welcher zahlreiche Pilzhyphenquerschnitte zu erkennen sind. Einzelne Pilzhyphenquerschnitte erkennt man auch in den anderen Organen. Die parenchymatischen Organe *c* und *d* sind ebenfalls mit einer braunen Substanz erfüllt. Von den verholzten Wandungen ist nur die des Gefässes unverändert und gleich dick geblieben. Sie reagirt bei Behandlung mit Phloroglucin und Salzsäure intensiv roth, ist mithin noch unveränderter Holzstoff. Die gleiche Reaction zeigen alle primären Wandungen (Mittellamellen), die der Zersetzung und Auflösung Widerstand geleistet haben. In der Zelle *e* sieht man noch die secundäre Wandung in unveränderter Dicke, aber sehr zart und durchscheinend und auf Holzstoffreagenz nicht mehr reagirend. In den beiden Zelldurchschnitten *ff* erkennt man nur noch die innerste Grenzlamelle, die sogen. tertiäre Wandungsschicht, wenn auch nicht mehr in völlig unveränderter Lage, sondern mit Einfaltungen. Die secundäre Wandung ist theils nicht mehr erkennbar, theils gallertartig und kaum noch zarte Schichtung zeigend.

In den übrigen Zellen erkennt man ausser der scharf contourirten und als Holzstoff reagirenden zarten primären Wandung nur noch die der einen oder anderen Wandung anliegenden, oder auch in der Mitte gelagerten innersten

Grenzlamellen der Zellwandung. Dieselben umhüllen oftmals Pilzhyphen, die ursprünglich im Lumen der Zelle gewachsen waren, und sich nach Zerstörung der Wand erhalten haben. Zuweilen finden sich auch Pilzhyphen der primären Wandung anliegend, die selbstredend erst nach der Auflösung der secundären Wandung dort gewachsen sein können. In der Längsansicht (Fig. 34) sieht man in den beiden Gefässen *aa* die Mycelfäden, welche da, wo sie sich auf längere Strecken dicht aneinander legen, z. B. bei *b* unter einander ganz verschmelzen, während sie meist frei und isolirt wachsen und nur hier und da *cc* durch jochartige Verwachsungen mit einander in Verbindung stehen. Das Holzparenchym *d* ist mit brauner Substanz erfüllt, in welche hinein zuweilen Pilzhyphen *e* gewachsen sind.

Die gekammerte, ursprünglich sehr dickwandige Holzfaser *f* ist sehr zartwandig geworden, und statt der spaltenförmigen, gekreuzten Tipfel sieht man dunkle Punkte *g* von einer zarten, hellen Zone umgeben. Es sind dies die äusserst kleinen verdickten Scheiben der Tipfelschliesshaut, über deren Bedeutung ich früher*) gesprochen habe.

Gehen wir nun zur Betrachtung des parasitischen Mycels über, wie dasselbe sich ausserhalb der Gewebe der Wirthspflanze gestaltet, so muss ich zunächst wieder auf die Figuren 3 und 4 des Textes verweisen, woselbst zu erkennen ist, dass von den nahe dem Holzkörper verlaufenden Rhizomorphensträngen zahlreiche Aeste nach aussen hin sich abzweigen. Die Seitenzweige sind es, welche unter der Korkhaut der Wurzel oder des inficirten Stengeltheiles sich kräftig entwickeln und dieselbe zersprengend nach aussen hervortreten.

Ihre weitere Entwicklung ist nun eine mehrfach verschiedene. Entweder entsteht aus ihnen ein im Boden und an der Oberfläche der Pflanzenwurzeln sich verbreitendes fädiges Mycel, oder die im Boden sich verbreitende als Rhizoctonia bezeichnete Mycelform, oder es entstehen ächte Rhizomorphen, oder es bilden sich zunächst sclerotienartige Mycelknollen, aus denen die Conidienträger des Pilzes hervorwachsen.

Die Bildung des fädigen Mycels, sowie die der Rhizoctonien geht so von Statten, dass Rhizomorphenäste (Taf. VI, Fig. 16) direct die Rinde durchbrechen und ausserhalb der Pflanze nicht mehr den früher beschriebenen Bau zeigen, also nicht mehr zu einer pseudoparenchymatischen Rinde verwachsen, sondern die Hyphen der Spitze allseitig frei ausbreiten zu einer schneeweissen, watteartigen Mycelbildung, die bei ungestörter Entwicklung in feuchter Luft eine colossale Mächtigkeit erlangen kann. Ich habe lockere, watteartige Mycelwucherungen von mehr als Faustgrösse im Feuchtraume erzielt, die sich einige

*) cf. Seite 77.

Wochen später den fremden Körpern eng anschmiegt, um auf ihnen fächerartig sich ausbreitende Häute zu bilden (Taf. VII, Fig. 20). Steht ein kranker Weinstock in einem Gefässe, dessen Boden mit Wasser bedeckt ist, so wächst das Mycel auch auf der Oberfläche des Wassers weiter, dasselbe mit einer dichten weissen Wolle bedeckend. An Brettern, an den Wänden der Blumentöpfe u. s. w. kriecht es fort, anfänglich völlig locker, später, d. h. an den älteren Theilen sich enger dem Gegenstande anschmiegend und hier dichtere, den Wollefäden, wie sie etwa für feinere Strümpfe verwendet werden, ähnliche Stränge (Rhizoctonien) bildend. Man vergleiche die Fig. 6, in welcher der oberirdische Theil einer noch lebenden Ahornpflanze bis auf 4 cm Höhe die jugendlichen Mycelbildungen zeigt, während der unterirdische Theil (welcher übrigens um 14 Tage später gezeichnet ist, als der oberirdische), bei *bb* Rhizoctonienstränge erkennen lässt. An dem etwas verkleinert dargestellten Weinstock Fig. 7, der ebenfalls im Feuchtraume längere Zeit gestanden hatte, ist das Mycel an verschiedenen Stellen, unter anderen auch aus der oberen Schnittfläche des Stockes hervorgewachsen, und hat theilweise noch den fädigen Charakter *a*, theilweise bildet es feine weisse Rhizoctonienstränge (*b*), die sich hier und da flächenförmig (*c*) ausdehnen.

Fig. 6.
Ahornpflanze, künstlich inficirt, der oberirdische Theil ist um 14 Tage früher gezeichnet, als der unterirdische. Das watteartige Mycel *a* wächst am Stamme empor. Unterirdisch zeigen sich bei *bb* Rhizoctonienstränge mit lockerem, dunkler gefärbtem fädigem Mycel. Aus der Rinde brechen zahlreiche schwarze Knöllchen *c* hervor.

In Taf. VII, Fig. 20 habe ich eine solche flächenförmige Mycelentwicklung gezeichnet, wie sie auf einem Brettchen, welches zur Signatur in die Erde des Blumentopfes gesteckt war, zur Entwicklung gelangt ist. In diesem Stadium hat sich das Mycel schon schmutzig grau gefärbt, und nur die netzartig verwachsenen Rhizoctonienstränge erscheinen weiss gefärbt. Die hier an verschiedenen Stellen zur Entwicklung gelangte Conidienträgerbildung werde ich später zu besprechen haben.

Selbst kleine Partikel der Rhizoctonien können, wenn sie nicht völlig durch Austrocknen getödtet sind, wieder auskeimen und dadurch zur Weiterverbreitung des Parasiten beitragen.

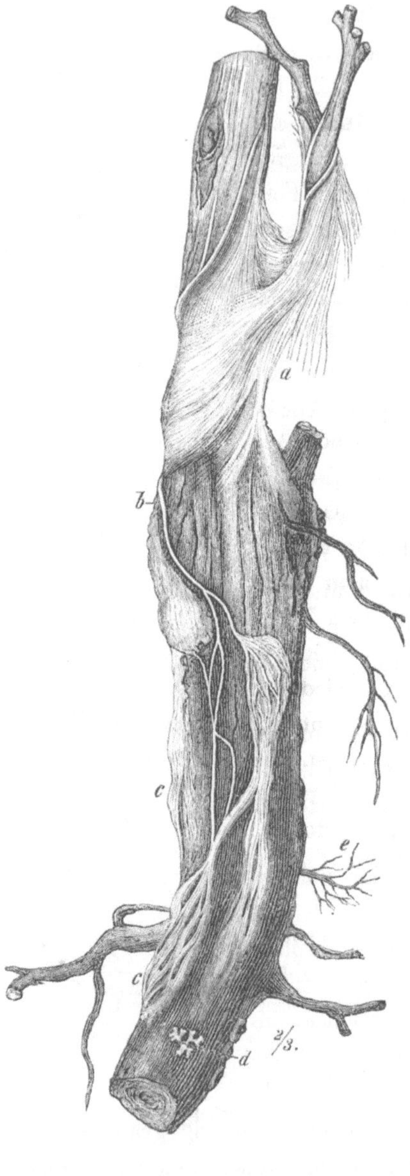

Fig. 7.

Inficirter und getödteter Weinstock, auf $^2/_3$ verkleinert, nach längerem Aufenthalt im Feuchtraume. Das fädige, watteartige Mycel *a* umschliesst einen Theil des Stockes und geht in ältern Stadien in weisse, verästelte Rhizoctonienstränge *b* über, die sich mehrfach wieder flächenförmig verbreiten und netzförmig verästeln *cc*. Aus dem Inneren wachsen bei *d* und *e* Rhizomorphen hervor von zweierlei Gestalt.

Untersucht man das zarte fädige Mycel im jugendlichsten Zustande Taf. VII, Fig. 24 *a*, so sieht man, dass dasselbe aus farblosen Hyphen von 2—3 μ Durchmesser besteht, welches mit besonderer Vorliebe sich an der Spitze so verzweigt, dass die Spitze selbst nicht weiter wächst, wogegen zwei oder drei Seitenhyphen in gleicher Höhe dicht hinter der Spitze entspringen und in spitzem Winkel weiterwachsen. Dabei legen sich oftmals mehrere Fäden dicht aneinander und wachsen gemeinsam weiter, damit den ersten Anfang der Rhizoctonie bildend. Zur Bildung derselben trägt aber besonders die nach einer gewissen Zeit eintretende seitliche Aussprossung mancher Hyphen (Fig. 24 *b*) bei, die dann in derselben Richtung weiterwachsen und sich nahe aneinander legen. Ein grosser Theil der Hyphen verdickt sich später und erreicht einen Durchmesser von 5—10 μ. Sehr eigenartig und charakteristisch ist die birnförmige Anschwellung an der Spitze der einzelnen Hyphenglieder dicht vor der Scheidewand zum nächst höheren Fadengliede, eine Erscheinung, auf die wir schon wiederholt bei Besprechung des Mycels im Gewebe der Wirthspflanze aufmerksam gemacht haben. Nach längerer Zeit, oft erst nach mehreren Monaten färbt sich ein Theil der Fäden braun und die den Wurzeln anhaftenden, flockigen Mycelbildungen erscheinen dunkel mit einem Ton ins bräunliche.

Untersucht man einen jener, als Rhizoctonien bezeichneten, fadenförmigen Stränge (Textfigur 8 *aa*), so sieht man, dass dieselben nur aus Hyphen be-

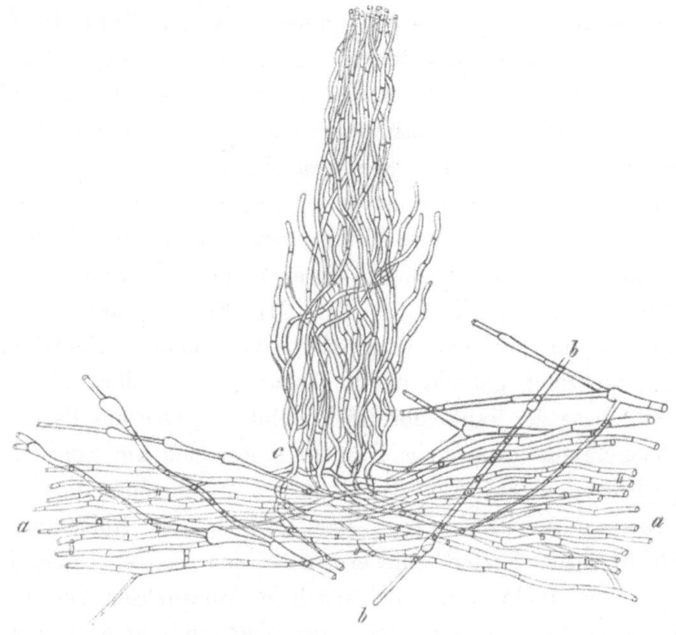

Fig. 8.
Ein Theilchen eines Rhizoctonienstranges *aa*, auf dem sich bei *c* ein Conidienfruchtkörper (oben abgestutzt) entwickelt hat. Die einzelnen Fäden sind an zahllosen Stellen durch jochartige Verwachsungen mit einander verbunden und schräg über denselben laufende Hyphen *bb* verwachsen in gleicher Weise mit jedem Faden, den sie berühren.

stehen, die neben einander verlaufen und nur dadurch mit einander verbunden sind, dass an zahllosen Stellen jochartige Verwachsungen eingetreten sind. Wo ein Faden in schräger Richtung über solche Stränge hinläuft, ist derselbe an jeder Berührungsstelle mit den Fäden des Stranges verwachsen (*bb*). Jene birnförmigen Anschwellungen kommen bei den meist dünnen Hyphen des Stranges selten vor, dagegen sind sie häufig bei den isolirten, mit den Strängen weniger verbundenen äusseren Hyphen. Der wesentliche Unterschied zwischen diesen Rhizoctonien und den früher beschriebenen Rhizomorphen besteht mithin darin, dass bei ersteren die Fäden der Hauptsache nach frei neben einander laufen, nur hier und da durch Seitenäste mit einander verbunden sind, während bei letzteren eine aus Pseudoparenchym bestehende Rinde einen Hohlraum umschliesst, in welchem dünnere Hyphen frei neben einander verlaufen. Die Färbung der Rhizoctonien erhält sich oft mehrere Monate hindurch weiss, erst später werden sie dunkler, indem die äusseren Hyphen immer mehr an Braunfärbung zunehmen.

Sehr eigenthümlicher Art sind die ausserhalb der Pflanze zum Vorschein kommenden Rhizomorphenbildungen.

Dieselben sah ich nur in einem hohen Fäulnissstadium der Weinstöcke, wenn das Rinden- und Holzgewebe stark verfault ist, zur Entwicklung gelangen. Aus dem faulen Holze, in welchem eine ungemein üppige Mycelwucherung vor sich geht, treten nicht selten kurze Rhizomorphenäste äusserlich hervor, die aber nie ein kräftiges Wachsthum erlangen, sondern ihr Wachsthum beendigen, nachdem sie ausserhalb reich verästelt die Länge von 2—3 mm oder ausnahmsweise von 1 cm erreicht haben. Es hängt dies von der Gestalt jener Rhizomorphen ab. In der weitaus überwiegenden Zahl der Fälle beendet die Rhizomorphe ihr Wachsthum, nachdem sie etwa die in Textfigur 7 *d* dargestellte Form und Grösse erreicht hat. In Taf. VII, Fig. 25 habe ich eine solche kräftige Rhizomorphe fünffach vergrössert dargestellt. Nachdem sich der primäre Strang mehrfach getheilt hat in walzenrunde hellbräunlichgelbe Aeste, verzweigen sich diese zu traubenförmigen Gebilden. Der aus Pseudoparenchym bestehende, höckerartige Auswuchs Fig. 26 *a* löst sich am Scheitel in zahllose keulenförmige Endzellen auf, Fig. 26 *b*, von denen ich eine Auswahl in Fig. 27 stark vergrössert dargestellt habe. Jede Hyphe des Rhizomorphenstranges erweitert sich in ihren letzten Gliedern zu freien Keulen, die, je freier sie hervorstehen, um so mehr mit stäbchenartigen Auswüchsen versehen sind.

Diese stäbchenförmigen Auswüchse der Zellwandung erreichen da, wo sie nur einzeln in der Scheitelregion wenig hervorragender Keulenzellen auftreten, sehr grosse Dimensionen, z. B. Fig. 27 *aa*, und erscheinen ähnlich den Sterigmen auf den Basidien der Hymenomyceten. Nicht selten sind die Stäbchen mit einer feinen Schicht bekleidet (*bb*), die bei Anwendung von Salzsäure sofort verschwindet, so dass anzunehmen ist, es sei dies eine Aussonderung von oxalsaurem Kalk. Einzelne Keulen zeigen in der Scheitelregion eine blasige, stäbchenfreie Region *cc* und in einem Falle, *d*, war diese zu einem Hyphenfaden ausgewachsen, der sich alsbald gegabelt hatte. Eine Weiterentwicklung dieser eigenartigen Rhizomorphenendigungen habe ich nicht beobachtet.

Seltener treten Rhizomorphen aus dem Inneren der faulen Wurzeln hervor, die sich strauchartig verästeln, deren Aeste walzenrund und mit konischen Spitzen versehen sind. Sie bestehen ebenfalls aus Pseudo-Parenchym, doch fehlt die innere Höhlung und demnach auch das feinhyphige Mark. Die grösste solcher Rhizomorphenbildungen, die ich beobachten konnte, habe ich Fig. 28 dargestellt. Sie unterscheiden sich von der Rhizom. fragilis unter Andern auch dadurch, dass sie eine hellbraune Färbung bewahren. Lange Zeit hielt ich sie für neue Wurzelbildungen, die am kranken Stock zum

Vorschein gekommen waren. Taf. VII, Fig. 29 habe ich die Spitze einer solchen Rhizomorphe 100mal vergrössert dargestellt. Die Hyphen laufen zwar im Wesentlichen parallel der Längsaxe, doch keineswegs mit ungestörter Regelmässigkeit. Sie sind untereinander zu einem Pseudoparenchym verschmolzen, welches besonders nahe der Oberfläche ziemlich dickwandig und etwas gelblich gefärbt ist, während es im Centrum völlig farblos erscheint. Wie in dem noch etwas mehr vergrösserten Querschnitt Fig. 30 zu erkennen ist, fehlt jedwede Höhlung im Inneren und jenes eigenthümliche Markgewebe, wie es die im Rindengewebe vegetirenden Rhizomorphen besitzen.

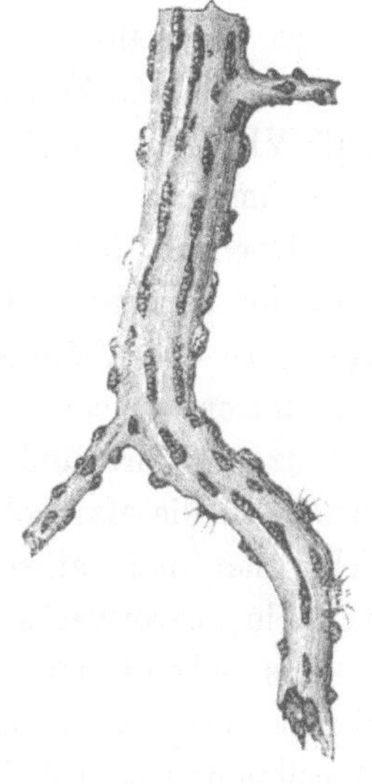

Fig. 9.
Wurzel eines Weinstockes mit zahlreichen sclerotienartigen Knollen, auf denen hier und da bereits borstenförmige Conidienfruchtträger sich entwickeln. 1/1

In einigen Fällen kommen Rhizomorphen zu Stande, deren Verzweigungen zum Theil konisch endigen und länglich sind, während ein anderer Theil die zuerst beschriebene Form zeigt.

Es ist mir sehr zweifelhaft, ob diese Rhizomorphen eine hervorragende Rolle im Leben des Parasiten spielen und zur unterirdischen Verbreitung desselben beitragen.

Ich komme endlich zu den sclerotienartigen Bildungen auf der Rinde der Wurzeln und des unteren Stengeltheiles, auf welchen vorzugsweise die Conidienträger des Parasiten entstehen. In Taf. VII, Fig. 18 habe ich ein solches kleines Sclerotium im Durchschnitt vergrössert dargestellt in dem Entwicklungsstadium, in welchem junge Conidienträger aus demselben hervorwachsen.

Es sei zuvor auf die Fig. 9 hingewiesen, eine Wurzel des Weinstockes, an der bei meinen Culturen zahllose schwarze Knollen meist in der Mehrzahl verschmolzen aus der Rinde hervorgebrochen sind. Die eigenartige Anordnung in Längsreihen erklärt sich aus dem Verlaufe der Rhizomorphen im Rindengewebe, deren Seitenäste nach aussen in dieser Gestalt endigen.

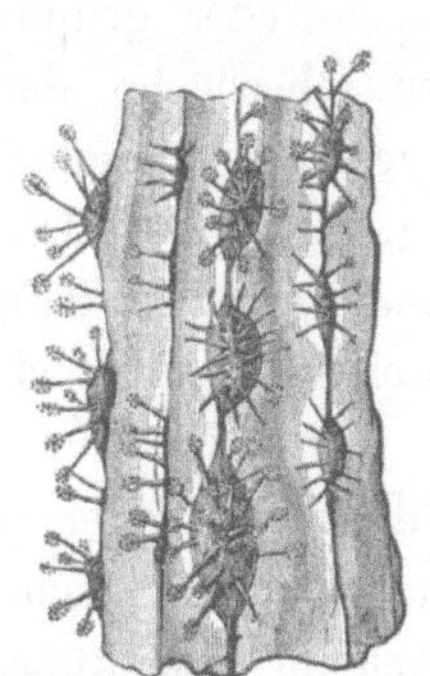

Fig. 10.
Ein Theil desselben Objectes, aber nach Ausbildung der Fruchtträger vergrössert dargestellt. 5/1

In Fig. 10 habe ich von derselben Wurzel, aber aus einem späteren Entwickelungsstadium einen Theil der Rinde mit den Sclerotien vergrössert dargestellt. Diese reihenweise Anordnung tritt aber keineswegs immer deutlich hervor, vielmehr bemerkt man recht oft eine ganz regellose Stellung, z. B. Textfigur 6 und Taf. VII, Fig. 36 an der Wurzel der Ahornpflanze. Da ja auch die

Rhizomorphen im Inneren keineswegs immer genau in gerader Richtung weiterwachsen, sich auch vielfach in breiten Bändern verbreiten (Fig. 36), so erklärt sich die zuweilen zu beobachtende Regellosigkeit der Sclerotienanordnung daraus von selbst.

Welche Grössenverschiedenheiten dicht neben einander auftreten, zeigt Taf. VII, Fig. 19 von einer künstlich inficirten und getödteten jungen Eiche entnommen.

Der Bau der Sclerotien zeigt keine Besonderheiten. Das pseudoparenchymatische Gewebe färbt sich da, wo es mit der Luft in Berührung tritt, tief braun, so dass diese Knollen im Ganzen tiefschwarz erscheinen. Die Höhlung des Rhizomorphenastes, dessen Endigung das Sclerotium repräsentirt, setzt sich in letzteres fort und endet dicht unter der schwarzbraunen Rinde. Zuvor theilt sich die Markröhre in mehrere Zweige und am Ende eines jeden Zweiges sieht man nach aussen einen oder eine Gruppe von kegelförmigen Hyphenbüscheln hervorwachsen, die jungen Fruchtträger.

Es scheint mir, als ob diese Sclerotienbildungen nur diesem Zwecke dienen, nicht aber Myceldauerzustände sind, welche später wieder zu neuen Mycelbildungen auskeimen.

Die Fruchtträger, auf deren Bau ich weiter unten zurückkommen werde, erscheinen dem Auge als $1^1/_2$—2 mm lange, schwarzbraun und nur an der Spitze heller gefärbte Borsten, die in zahlloser Menge an allen möglichen Mycelbildungen des Parasiten zur Entwicklung gelangen. Vorzugsweise sind es die soeben besprochenen schwarzbraunen Knollen in der Rinde, aus denen sie einzeln oder gruppenweise hervorkommen. Alsdann können sie einzeln auf der Oberfläche der erkrankten Pflanzentheile erscheinen, wenn reichliches Mycel das Rindengewebe bis unter die Korkschicht durchwuchert (Taf. VII, Fig. 19). Auf den Rhizoctoniensträngen stehen sie zuweilen dicht gedrängt neben einander (Fig. 20 *c*), und auch auf den fädigen Mycelausbreitungen sprossen sie in reichlicher Anzahl hervor. Fig. 20 *d*.

An keinem der etwa 20 kranken Weinstöcke, die ich in Cultur genommen, fehlten sie und in einzelnen Fällen waren sie so massenhaft entwickelt, dass Tausende derselben dicht gedrängt neben einander die Oberfläche derselben einnahmen. Auch an den künstlich inficirten Eichen, Ahorn, Buchen u. s. w. traten sie hervor. In Fig. 18 *cc* habe ich jugendliche, soeben hervorsprossende Fruchtträger eines Sclerotium, in Textfigur 8 dagegen den unteren Theil eines der kleinsten Fruchtträger, welche auf einer Rhizoctonie sich entwickelten, zur Darstellung gebracht, während Taf. VII, Fig. 21 die Spitze eines voll entwickelten Fruchtträgers giebt.

In Fig. 18 wachsen kräftige Büschel aus dem Sclerotium hervor, deren Hyphen der Wandung der Sclerotiumhöhle entsprossen sind, also denselben

Ursprung haben, wie ja alle Hyphen der Rhizomorphenspitze, so dass sie nur in ihrer weiteren Entwicklung, nicht aber der Entstehung nach von gewöhnlichen sterilen Rhizomorphenästen sich unterscheiden. In Textfigur 8 entsteht der Fruchtträger aus wenigen Hyphen, die sich rechtwinklig zur Richtung der Rhizoctonienfäden erheben, durch reiche Verästelung derselben. Zumal im unteren Theile dieser Fruchtträger laufen die einzelnen Hyphen nicht ganz parallel, sondern wellenförmig der Spitze des Fruchtkörpers zu, die ich Taf. VIII, Fig. 21 stärker vergrössert dargestellt habe. Es sei zunächst noch erwähnt, dass nur die jüngste, wachsende Spitze einer jeden Hyphe farblos ist, dass die Braunfärbung sehr früh eintritt, in Folge dessen oft schon die jugendlichsten Fruchtkörper von Anfang an braun gefärbt erscheinen und nur die Spitze farblos ist. Nicht alle Hyphen erreichen die Spitze dieses sogenannten „Coremiums", einzelne enden schon früher und verästeln sich dann in der Fig. 21 dargestellten Weise. Die conidientragende Spitze erscheint desshalb makroskopisch auch nicht als Kugel, sondern als eiförmiger Büschel. Die Verästelung beruht darauf, dass der Fruchthyphe theils einzelne, theils zwei bis vier Seitenhyphen in gleicher Höhe entspringen, deren untere sich in gleicher Weise nochmals verzweigen. Der ganze Conidienträger repräsentirt somit eine Rispe, ähnlich der mancher Grasarten, z. B. der Gattung Poa. Die Endhyphen Fig. 22, an denen die Conidien seitlich entspringen, ähneln der Spindel einer Grasähre, d. h. die einzelnen Conidien sitzen auf kleinen warzenartigen Vorsprüngen, über denen die Hyphe jedesmal eine seitliche Ausbiegung macht. Es entsteht dadurch eine Gestalt der Hyphe, welche an die mit Spindelfurchen versehene Axe von Triticum u. s. w. erinnert. Die Conidien sind einfach, eiförmig, etwa 2,2 μ lang und 1,5 μ breit, farblos, wie der Träger, an dem sie entsprungen sind. Sie lösen sich ungemein leicht, in der Regel schon während der Entstehung der nächst höheren Conidie von ihren Trägern ab, bleiben aber doch in zahlloser Menge zwischen den Zweigen des Büschels, so dass schon makroskopisch die grauweisse Sporenmasse an der Spitze der Fruchtkörper zu erkennen ist. Unter dem Mikroskop glückt es im günstigsten Falle, nur soviel anhaftende Conidien noch zu finden, als in der Fig. 21 und 22 gezeichnet worden sind. Es war mir nicht möglich, den Pilz in irgend einer der bekannten Conidienträgergattungen unterzubringen. Am nächsten steht er noch der Gattung Rhinotrichum Corda. Die eigenthümlich zusammengesetzten borstenförmigen Fruchtträger (Coremium), so wie die rispenartige Verzweigung der Endigungen einer jeden Einzelnhyphe des Coremiums, endlich die ährenspindelartige Gestalt der die Conidien tragenden, nicht septirten Endzellen der Fruchthyphen nöthigt zur Aufstellung einer neuen Gattung, welche Dematophora (Büschelträger) genannt werden mag. Im Hinblick auf den biologischen Charakter des Myceliums scheint mir der Artname necatrix angemessen zu sein.

Es knüpft sich hieran die weitere Frage nach der Stellung des Parasiten im Systeme. Entschieden kann diese Frage erst dann werden, wenn es einmal gelungen sein sollte, auch die Askenfrucht dieses Pilzes aufzufinden.

Nachdem ich länger als ein Jahr den Pilz unter allen erdenklichen Bedingungen cultivirt habe, ist es mir nicht gelungen, ausser den zur Entwicklung gelangten Conidienträgern noch irgend eine Spur von anderen Fruchtträgern, die zweifellos zu dem Parasiten gehören, aufzufinden.

Vergleicht man die Form der Conidien und die Art der Entstehung derselben an den Conidienträgern der Rosellinia quercina*), deren Rhizoctonien dem Mycelium des Weinstockpilzes so ähnlich sind und die Wurzeln der Eichen tödten, so drängt sich uns die Vermuthung auf, dass wir es mit einer Art der Gattung Rosellinia oder doch einer ihr nahe verwandten Pilzgattung zu thun haben.

Auch bei der Rosellinia quercina dürften die Schlauchfrüchte nur äusserst selten in der Natur zur Ausbildung gelangen, da zu ihrer Entwicklung mehrere Monate gehören, ein vorübergehendes Abtrocknen des Mycels auf der Bodenoberfläche aber die unreifen Früchte tödtet. Sie sind auch gar nicht unbedingt nothwendig, da jenem Pilz in der Sclerotienbildung die Möglichkeit geboten ist, ohne Sporen zu überwintern, in der Conidienbildung andrerseits die Gelegenheit gegeben ist, neue Krankheitsheerde entstehen zu lassen. In der Phytophthora infestans, deren Mycel in den Knollen der Kartoffel überwintert, haben wir einen Fall, in welchem die Sporenbildung verloren gegangen zu sein scheint und nur Conidien zur Ausbildung gelangen. Ist es da nicht berechtigt, wenigstens die Möglichkeit ins Auge zu fassen, dass auch beim Wurzelpilz des Weinstockes, dessen Mycel mehrere Jahre lang sich im Weinstock lebend erhält, der daneben reichliche Conidienbildung zeigt, die Askosporenfrüchte als überflüssig überhaupt nicht zur Ausbildung gelangen, gewissermassen verloren gegangen sind. Ich will andererseits die Möglichkeit nicht ausschliessen, dass es mir im Laufe der Zeit gelingen dürfte, dennoch Schlauchfrüchte dieses Pilzes zu erziehen.

Es mag hier gleich hervorgehoben werden, dass ich der Roesleria hypogaea ganz besondere Aufmerksamkeit geschenkt habe. Sie trat an einem der 20 in Cultur genommenen kranken Weinstöcke in reichlicher Masse auf und nahm ich die Askosporen derselben in Cultur. Die sich entwickelnden Mycelrasen brachte ich mit gesunden Weinstockwurzeln in Verbindung und zwar an Wundstellen und an unverletzten Stellen. Ich suchte auch an anderen Pflanzen durch Sporeninfection diesen Pilz zu züchten, doch vergeblich. Bei künstlicher Züchtung in Nährstofflösungen erreichten die Pilzrasen grosse Ausdehnung. Ihre Färbung ging nach etwa 4 Wochen in eine freudig grüne über; die Farbe war etwa dieselbe, wie die des Mycels der Peziza aeruginosa, welches die

*) Untersuchungen I, Taf. II, Fig. 36 und Lehrbuch der Baumkrankheiten Taf. IX.

Grünfäule des Holzes veranlasst. Das Mycel zeigt mit dem des Wurzelpilzes des Weinstockes durchaus keine Aehnlichkeit. An einem der aus Baden mir zugesandten Weinstöcke, die keinerlei Krankheitserscheinungen zeigten, und die ich im Garten des Instituts in October 1881 eingepflanzt hatte, fand ich, als ich October 1882 denselben aushob, dass der Stock völlig gesund war, eine reiche neue Bewurzelung bekommen hatte und nur an einer alten, abgestorbenen Wurzel, die aber keinerlei Rhizomorphen- oder Rhizoctonienbildung zeigte, zahlreiche Fruchtträger der Roesleria hypogaea trug.

Diese Thatsache allein würde schon geeignet sein, die Annahme auszuschliessen, dass die parasitären Mycelbildungen, die wir beschrieben haben, mit diesem Pilze in Beziehung stehen; dazu tritt aber noch das ganz vereinzelte Vorkommen der Roesleria hypogaea an nur einem der in Cultur genommenen Stöcke, während doch unter völlig gleichen Verhältnissen, nämlich in geschlossenen grossen Glasgefässen, die zu etwa $^1/_4$ mit Wasser angefüllt waren, fünf Weinstöcke gezüchtet wurden. Mycelentwicklung und Conidienträgerbildung war bei allen gleich und nur an dem einen Stock kamen die Fruchtträger der Roesleria und zwar gerade an solchen Wurzeln zum Vorschein, die ganz frei von parasitärem Mycel waren. Die Untersuchung liess auch keinerlei Zusammenhang der Fruchtträgerbasis mit einem Mycel in der Rinde erkennen, welches den beschriebenen Rhizomorphen angehörte. Ich muss desshalb die schon von Frank ausgesprochene Ansicht, dass die Roesleria hypogaea nur ein Saprophyt sei, bekräftigen, wenn derselbe auch unter günstigen Verhältnissen in anderweit erkrankten Weinbergen noch so häufig auftreten mag.

Es sei nun noch erwähnt, dass die Keimfähigkeit der Conidien eine sehr beschränkte und von ganz besonderen Bedingungen abhängige ist. So oft ich auch Sporenculturen in Wasser oder in Nährlösung ansetzte von jungen oder alten Conidien, stets missglückten sie mit einer einzigen Ausnahme, die ich in Taf. VII, Fig. 23 gezeichnet habe. Die Conidien waren gequollen und hatten schon nach einem Tage gekeimt *(a)*, die Keimschläuche entwickelten sich in den nächsten beiden Tagen so, dass eine Aehnlichkeit mit den Hyphen der Rhizomorphenspitze erkennbar wurde. Durch einen jener unglücklichen Zufälle, die so oft die werthvollsten Präparate oder Culturen vernichten, ging leider die Cultur verloren und nie ist es mir wieder geglückt, eine Conidienkeimung zu beobachten. Es sei hier für etwaige Versuche von anderer Seite noch bemerkt, dass sich zwischen die Hyphen eines Conidienfruchtkörpers in der Regel Mycelfäden fremder Pilze drängen, die mitunter ähnliche Conidien, wie die der Parasiten tragen. Auch bei sehr sorgfältiger Sporenaussaat kommt es desshalb sehr oft vor, dass sich fremde Sporen dazwischen mischen, die schnell keimen und den flüchtigen Beobachter zu täuschen im Stande sind. Auch mitten in den Geweben der Rhizoctonie findet man mancherlei Pilzformen, die vielleicht von den Rhizoctonien leben und geeignet sind, den flüchtigen Beobachter auf falsche Fährte zu locken. Nach einiger Zeit verschwinden in der Regel die Conidien an der Spitze der Fruchtträger, indem ihnen mancherlei Thiere emsig nachstellen.

Im Vorstehenden habe ich mitgetheilt, was mir über Bau und Wirkung des Mycels und über die Vermehrungsorgane des Parasiten bekannt geworden ist. Es sei bezüglich der von mir ausgeführten Infectionsversuche erwähnt, dass sie bei den sämmtlichen Pflanzenarten, die ich Seite 99 aufgezählt habe, geglückt sind.

Am schnellsten erlagen, wie bereits angeführt ist, die Bohnen. Die Kartoffeln kamen gar nicht zum Auskeimen und als ich nach etwa 2 Monaten revidirte, waren dieselben völlig verfault. Zahllose der schönen Früchte von Chaetomium crispatum hatten sich auf der nicht zerstörten Peridermhaut der Knollen oder in den umgebenden Erdschichten entwickelt, während gleichzeitig Rhizoctonien unseres Parasiten auf der Hülle der zerstörten Kartoffel sich vorfanden. Man darf wohl annehmen, dass das von dem kranken Weinstock aus auf die Knollen gelangte Mycel die Knospen (Augen) derselben alsbald getödtet hat und dann jenes Chaetomium das Weitere besorgte.

An den aufgeführten Laubholz- und Nadelholzpflanzen (meist 3—4jährige) wuchs das Mycel nach etwa 14 Tagen vom Wurzelstock aus am Stengel empor und gleichzeitig in der Erde an den Wurzeln und tödtete letztere nach 1—2 Monaten vollständig. Es muss aber erwähnt werden, dass durch den Aufenthalt in feuchter Luft das Absterben des oberirdischen Theiles sehr verzögert wurde. Einzelne Eichen und Ahorne ergrünten sogar, obgleich ihre Wurzeln schon getödtet waren.

Was die Weinstöcke betrifft, die ich zur Infection benutzte, so muss ich bemerken, dass dies zwar gut bewurzelte, aber sehr junge, etwa 2jährige Stöcke (Stecklinge) waren. Sie kamen wohl noch theilweise zum Ergrünen, starben aber frühzeitig im Frühjahre ab.

Wollten wir darnach die Schnelligkeit beurtheilen, mit welcher in der Natur der Krankheitsprocess von Statten geht, so würden wir fehlgehen.

Zunächst darf nicht unberücksichtigt bleiben, dass die gesunden Pflanzen in unmittelbarste Nähe, fast in Contact mit stark erkrankten Weinstöcken gepflanzt wurden und dass sich das an letzteren unter besonders günstigen Verhältnissen, d. h. in feuchtwarmem Boden äusserst üppig entwickelnde Mycel gewissermassen gleichzeitig über das ganze Wurzelsystem der Nachbaren ausbreitete.

In der Natur, wo die Weinstöcke in den Weinbergen doch in grösserer Entfernung von einander stehen, wird die Infection nur sehr langsam von einer oder einigen Wurzeln ausgehen, welche den kranken Stöcken nahe sind. Durch die auch im Boden frei erfolgende Mycelverbreitung in Form der Rhizoctonien und des fädigen Mycels wird ein unmittelbarer Contact der Wurzeln eines gesunden und kranken Stockes zwar unnöthig, doch bedarf der Parasit, um von einem Stock zum Nachbarstock zu gelangen, indem er im Gewebe der Wurzeln als Rhizomorphe und ausserhalb derselben als Rhizoctonie von der Wurzelspitze zum Stock hinwächst, geraume Zeit und erst, wenn er dann am Stock angelangt ist, kann er auch die nach anderen Richtungen von demselben auslaufenden Wurzeln erreichen und auch diese tödten.

Die Entwicklung der Rhizomorphen in dem dünnen, secundären, an Sclerenchymfasern reichen Rindengewebe des eigentlichen Stockes ist bei weitem nicht so üppig, wie in dem fleischigen Rindengewebe der Wurzeln, und oft findet man nur eine Seite des Stockes getödtet, die andere noch ganz oder theilweise gesund (Taf. VII, Fig. 31). Insbesondere bleibt der obere Theil des unterirdischen Stockes oftmals ganz verschont und zwar gewiss desshalb, weil die trockene Beschaffenheit der obersten Bodenschicht eine Entwicklung des Parasiten daselbst hindert. Ist dann der untere Theil des Stockes mit seinen Wurzeln abgestorben, dann gelangen nahe unter der Bodenoberfläche an dem noch gesunden Stocke neue Wurzeln zur Entwicklung.

Dass hiermit nur der Eintritt des Todes hinausgeschoben, aber nicht verhindert werden kann, ist einleuchtend, denn sobald die neuen Wurzeln in die feuchtere, tiefere Bodenschicht gelangen, in welcher das Mycel des Parasiten herrscht, werden dieselben auch von der Krankheit ergriffen.

Ich glaube, dass ich vorstehend die meisten Fragen gelöst habe, welche ohne Beihilfe der Praktiker, insbesondere der Weinzüchter durch die wissenschaftliche Forschung gelöst werden können. Es ist aber natürlich, dass die Praktiker in erster Linie auch die Frage aufwerfen werden, welche Mittel dem Menschen zur Verfügung stehen, um mit Aussicht auf Erfolg gegen einen so gefährlichen Feind anzukämpfen.

Wenn ich, wie bisher bei Gelegenheit meiner früheren pathologischen Arbeiten, auch diesmal Fingerzeige hinzufüge, welche auf die prophylactischen und therapeutischen Massregeln hinweisen, so kann ich nicht umhin, einige Worte voranzusenden.

Da die praktischen Massregeln zur Verhütung oder Beseitigung einer epidemisch auftretenden Krankheit nicht wohl am Mikroskoptische, im Laboratorium oder im Versuchsgarten vorher genügend geprüft werden können, so haben die von mir proponirten Massregeln fast immer nur die Bedeutung, den Praktikern den Weg zu weisen, den sie zu betreten haben, um auf wissenschaftlicher Grundlage auch die praktische Seite der Frage klar zu stellen.

Ob eine von mir vorgeschlagene Massregel praktisch ausführbar sei oder nicht, das ist in der That nicht immer von vornherein zu sagen. Wenn ich

z. B. schon 1874 vorgeschlagen hatte, zur Bekämpfung der verderblichen Ringschäle in den Kiefernwaldungen bei Gelegenheit der jährlichen Dürrholzhauungen die „Schwammbäume" zu beseitigen, so war das vom grünen Tische aus ganz schön gedacht. In der Praxis ist die Massregel zur Zeit noch unausführbar und vielleicht bisher nirgends ausgeführt, weil dem Forstpersonal dadurch eine gewisse Summe von Arbeit entsteht, welche dasselbe erst dann zu übernehmen bereit sein wird, wenn die Ueberzeugung von der Nothwendigkeit derselben sich allgemeine Geltung verschafft haben wird.

Ein anderes Beispiel gewährt die von mir vorgeschlagene Massregel der Grabenziehung um solche Stellen in den Nadelholzwaldungen, welche von Trametes radiciperda ergriffen worden sind. Ich schlug vor, Isolirgräben zu ziehen, in welchen alle Wurzeln durchhauen würden, damit der Pilz, wenn er an den Graben ankommt, nicht weiterzuwandern im Stande sei. Selbstredend müsse der Graben soweit von der kranken Stelle entfernt angelegt werden, dass keine bereits mit dem Pilz besetzte Wurzel schon jenseits des Grabens sich befinde, da dann die Massregel fruchtlos sei. Geradeso, wie bei Vertilgung der Kiefernraupen durch Theerringe, welche unmittelbar vor dem Emporsteigen der Raupen aus dem Winterlager anzulegen sind, alles darauf ankommt, dass die Massregel rechtzeitig ausgeführt wird, ehe die Raupen emporgestiegen sind, ebenso kommt es bei den Isolirgräben darauf an, dass sie so angelegt werden, dass der Pilz wirklich eingefangen wird. In einzelnen Fällen, in denen man jene Massregel ausgeführt hat, hat sich ergeben, dass sie ohne günstigen Erfolg war, weil die Arbeiter, ohne auf etwa vorkommende kranke Wurzeln zu achten, die Gräben da ziehen, wo zuvor das Forstpersonal die Linie ausgezeichnet hat. Es ist in der Litteratur sogar mit einer gewissen Genugthuung, gleichsam als habe die Praxis einen Triumph gegenüber der Wissenschaft zu verzeichnen, verkündet, dass die Krankheit sich über die Gräben hinaus verbreitet habe, ja dass sogar die Massregel allgemeingefährlich sei, weil sich am Grabenbord die Fruchtträger des Parasiten üppig entwickelt hätten.

Es ist ziemlich gleichgültig, wenn ich etwa sagen wollte, dass es ja für die Förster leicht sei, jene Fruchtträger ein- oder zweimal im Jahre abzuschneiden oder etwa die Gräben nach Durchstechung der Wurzeln sogleich wieder mit der Erde zufüllen zu lassen, damit sich keine Fruchtträger bilden, oder falls dies in der lockeren Erde doch geschähe, diese unschädlich gemacht würden; die Praxis hat ergeben, dass wir im forstlichen Betriebe noch viel zu weit zurück sind, um solche, einige Aufmerksamkeit erfordernde Arbeiten im Grossen mit Erfolg ausführen zu lassen.

Etwas anderes ist es wohl mit den Krankheiten, welche so werthvolle, im Privatbesitze befindliche Güter, wie das die Weinberge sind, zu vernichten drohen, und es verlohnt sich hierbei wohl der Mühe, zu untersuchen, ob wir nicht im Stande sind, gegen die weitere Ausdehnung der Krankheit Massregeln zu ergreifen. Leider fehlt mir nun gerade bei dieser Krankheit die Grundlage, auf welcher praktische Massregeln ebenso basiren müssen, wie auf wissenschaftlicher Erkenntniss der Krankheit; mir fehlt jede Kenntniss vom Weinbau. Somit muss ich es besser orientirten Kräften überlassen, die praktischen Massregeln, die ich nachstehend anführen will, zu prüfen und eventuell zur allgemeinen Ausführung anzuordnen.

Was zunächst die Vorbeugungsmassregeln betrifft, so kommt es vor allen Dingen darauf an, dass die Krankheit und ihre äusseren Kennzeichen ganz allgemein bekannt werden, damit ein jeder Weinbauer im Stande ist, bei eventuellem Auftreten der Krankheit in seinem Territorium gegen dieselbe in geeigneter Weise vorzugehen; damit er aber auch andererseits im Stande ist, bei Bezug von Weinreben aus anderen Gegenden zu erkennen, ob die zugesandten Stöcke gesund oder von der Krankheit befallen sind. Schon kleine Partikelchen des Mycels des Parasiten oder wenige eben erkrankte Wurzeln eines Weinstockes sind im Stande, die Krankheit aus einer fernen Gegend in einen Weinberg zu verpflanzen.

Hat sich die Krankheit in einem Weinberge angesiedelt, so handelt es sich darum, die Massregeln zu ergreifen, welche geeignet sind, dieselbe zu beseitigen und deren weitere Ausbreitung zu verhindern. In der irrigen Meinung, dass es sich um den Agaricus melleus handele, dessen Rhizomorphenstränge höchstens handbreit unter der Bodenoberfläche fortwachsen, wurde von verschiedenen Seiten in Vorschlag gebracht, Isolirgräben in der Umgebung der erkrankten Stelle zu ziehen, wie ich sie gegen jenen Parasiten vorgeschlagen habe.

Ich fürchte, dass dieselben für sich allein nichts helfen werden, weil die Rhizoctonien des Weinstockpilzes im Boden ganz anders sich verbreiten. Ich zweifle kaum, dass das Mycel am Grabenrande angekommen, sich in der Erde abwärts verbreiten und nahe unter der Sohle des Grabens durchpassiren würde, um auf der anderen Seite die Wanderung im Boden oder von Wurzel zu Wurzel fortzusetzen.

Möge man Versuche anstellen, um dies zu prüfen!

Ich glaube, dass das einzige radicale Mittel darin besteht, die erkrankten und getödteten Stöcke sorgfältig, d. h. mit allen Wurzeln ausroden zu lassen und sofort zu verbrennen.

Kommt man an die Grenze des Krankheitsterrains, dann hebe man auch noch die zunächst stehenden scheinbar gesunden Stöcke aus, prüfe sorgfältig die Wurzeln und findet man, dass sie vollständig gesund sind, dann pflanze man sie, wenn auch nur provisorisch, vereint an eine Stelle, wo sie für den Fall, dass doch die Krankheit an dem einen oder anderen Stocke übersehen wäre, keinen grossen Schaden anrichten können, wenn die Erkrankung Fortschritte macht.

Es bedarf ja kaum der Andeutung, dass da, wo dies möglich ist, ein Abspülen der Wurzeln im Wasser die Prüfung des Gesundheitszustandes ungemein erleichtert und dass man durch Abschneiden einzelner erkrankter Wurzeln noch manchen Stock retten kann.

Hat man das erkrankte Terrain des Weinberges auf diese Weise vollständig von kranken und todten Pflanzen gesäubert und dabei sorgfältig darauf geachtet, dass nicht etwa Theilchen davon beim Transport auf das gesunde Terrain ausgestreut werden, hat man ferner durch Ausroden der gesunden Weinstöcke am Rande einen etwa 1 m breiten pilz- und wurzelfreien Isolirstreifen geschaffen, dann entferne man von der Stelle auch alle anderen etwa vorhandenen Pflanzen und Holztheile wie Rebpfähle u. dgl. Man kann auch noch der Vorsicht halber auf die Grenze zwischen dem Isolirstreifen und dem gesunden Weinbergsterrain einen Graben ziehen, wobei der Auswurf auf das erkrankte Terrain zu werfen ist.

Selbstverständlich ist es, dass keinerlei Pflanzen dort gebaut werden dürfen, denn es kommt darauf an, den Parasiten gleichsam a u s z u h u n g e r n. An den noch im Boden verbleibenden Wurzelresten wird sich derselbe wahrscheinlich höchstens zwei Jahre erhalten können und dann zu Grunde gehen, bekommt er aber zuvor neue Nahrung etwa durch Anbau von Bohnen, Kartoffeln u. dgl., dann wird er neu gekräftigt und nicht verschwinden.

Ich glaube, dass der vorgeschlagene Weg der einfachste und billigste ist. Gar keinen oder doch sehr geringen Erfolg, der mit den Kosten in keinem Verhältnisse steht, verspreche ich mir aus dem Begiessen des Bodens mit irgend welchen Pflanzengiften. Man berücksichtige nur, dass die Wurzeln des Weinstockes und der darin in Form von Rhizomorphen vegetirende Parasit das ganze Terrain bis zu einer Bodentiefe durchziehen, die nur bei Anwendung colossaler Massen von Pflanzengift erreicht werden würde. Damit würde aber für eine Reihe von Jahren der Boden für Pflanzenzucht unbrauchbar werden*).

Mit diesen Vorschlägen muss ich mich zunächst begnügen. Mögen dieselben in praxi geprüft und für gut befunden werden. Berücksichtigt man, dass ja alljährlich ein jeder Weinstock wiederholt besichtigt wird, so kann der aufmerksame Winzer das erste Auftreten der Krankheit in seinem Weinberge nicht wohl länger als ein Jahr übersehen und dann ist ja durch Entfernung

*) Ich halte es geradezu für verhängnissvoll und allgemein beklagenswerth, dass die Bekämpfung mancher Krankheiten der Culturpflanzen vorzugsweise von den Agriculturchemikern und Apothekern versucht worden ist. Bisher haben dieselben nichts zur Aufklärung und Bekämpfung der Krankheiten beigetragen, aber Tausende und Millionen an Werth sind inzwischen verloren gegangen.

weniger Stöcke der Krankheit Einhalt zu thun. Ein radicales Vorgehen halte ich aber für durchaus nothwendig.

Den Vorschlag, die Weinstöcke in Rücksicht auf die Pilzcalamität überhaupt viel weiter auseinander zu setzen, wie bisher gebräuchlich war, halte ich nicht für praktisch und im Hinblick auf den grossen Ertragsverlust für zu kostspielig. Wollte man soweit auseinandergehen, dass gewissermassen jeder Weinstock unterirdisch isolirt würde, dann müsste die Pflanzweite eine sehr grosse werden.

Endlich möchte ich noch gegen eine Anschauung auftreten, die in neuester Zeit einmal wieder mehrfach ausgesprochen worden ist, gegen die Anschauung, dass die Erkrankung des Weinstockes in erster Linie dem Umstande zuzuschreiben sei, dass derselbe seit vielen Jahrhunderten nicht durch Samen, sondern durch Stecklinge vermehrt wurde. Es sollen hierdurch gewissermassen die jetzigen Stöcke an die Grenze ihres natürlichen Lebensalters gelangt sein, wodurch sie für Angriffe aller Art empfänglicher geworden wären, als das früher der Fall war. Es ist hier nicht der geeignete Ort, auf eine allgemeine Discussion dieser Frage einzugehen, doch sei nur soviel erwähnt, dass weder die allgemeine Verbreitung der Peronospora viticola noch die der Dematophora necatrix in den letzten Jahren den geringsten Grund zu solcher Annahme darbieten. Die erst seit einigen Jahren aus Amerika eingeführte Peronopora viticola hat hier die günstigsten Bedingungen zur Entwicklung gefunden in den zusammenhängenden Weinbergsterritorien, gerade so wie etwa Phytophthora omnivora und andere Parasiten sich schnell verbreiten, wenn Witterung und äussere Culturverhältnisse ihnen günstig sind. Der Wurzelpilz aber tödtet, wie ich gezeigt habe, junge, eben aus dem Samen zur Entwicklung gelangte Bohnen, junge Eichen, Ahorne u. s. w. Wesshalb soll da gerade der Weinstock nur aus Altersschwäche dem Feinde erliegen, während alle anderen Pflanzen und sicherlich auch der Weinstock ihm schon als Jährlinge erliegen.

Ich schliesse mit einer kurzen Zusammenfassung der biologisch wichtigsten Untersuchungsresultate.

Die Krankheit scheint sich von der Schweiz oder einem Gebiete des südlichen Frankreichs aus seit etwa 10 Jahren schnell verbreitet zu haben, einerseits über das ganze südliche und mittlere Frankreich, andererseits nach Nord-Italien, und endlich noch Süd-Baden und nach Oesterreich. Sie ist vielfach mit der Reblauskrankheit verwechselt worden, tritt nicht nur an den verschiedensten Sorten des edlen Weinstockes, sondern auch auf vielen anderen Bäumen und landwirthschaftlichen Culturgewächsen auf, welche in den Weinbergen cultivirt werden.

Die Krankheit verbreitet sich von einem oder einigen zuerst erkrankten Stöcken centrifugal so schnell aus, dass nach dem ersten sichtlichen Erkranken einzelner Stöcke innerhalb 4 Jahren ein Territorium von 0.1 Hect. inficirt sein kann.

Die erkrankten Stöcke tragen im ersten Jahre reichliche Trauben, im zweiten Jahre sind die Ausschläge nur kurz und dünn, die Blätter bleiben klein und die Stöcke sterben theils vor dem Blattabfall, theils während des Winters, einzelne erst im dritten Jahre ab.

Die Erkrankung äussert sich unterirdisch zunächst durch das Absterben einzelner Wurzeln, an denen man äusserlich weisse Mycelbildungen, theils als flockiges Mycel, theilweise in Gestalt von zwirnsfadendicken Strängen anhaften sieht.

Diese Mycelbildungen treten späterhin auch am eigentlichen Stocke auf, der dann langsam von aussen nach innen, zuweilen erst auf einer Seite abstirbt, schwarzbraun wird und verfault. Im zweiten Jahre ersetzt der Weinstock den Wurzelverlust durch Neubildung von Adventivwurzeln nahe unter der Bodenoberfläche, die dann aber nach dem Eindringen in tiefere Bodenschichten später auch absterben.

Die Infection findet in verschiedener Weise statt, einmal dadurch, dass das im feuchten Boden oft in grosser Tiefe vegetirende, anfänglich weisse watteartige Mycel sich von einer Pflanze zur anderen verbreitet, die Oberfläche der Wurzeln überzieht und die Korkschicht allmälig durchdringt, oder nach Tödtung der zarten Faserwürzelchen in die Hauptwurzeln gelangt oder an vorhandenen Wundstellen in das Rindengewebe hineinwächst.

Im Rindengewebe, zumal nahe dem Holzkörper in der jüngsten Bastregion dringt das Mycel in Form von meist nur zwirnsfadendicken, oft aber auch breit bandförmigen Rhizomorphensträngen um so schneller vor, je nässer der Boden ist.

Die Rhizomorphen sind im Bau völlig abweichend von dem der Rhizomorpha fragilis, des Mycels des Agaricus melleus. Die unter einander nicht verwachsenen Hyphen der Strangspitze verjüngen sich in der mittleren Region nahe hinter der Spitze durch Aussprossung, während die peripherisch gelagerten Hyphen seitlich in das Gewebe der Wirthspflanze wachsen und die Zersetzung der Rinde und des Holzkörpers veranlassen. Die in dem Bereiche des Rhizomorphenstranges gelegene Partie jeder Hyphe verwächst mit den Nachbarhyphen zu einer pseudoparenchymatischen Rinde, während im Inneren des Stranges eine Höhlung entsteht, welche von zarten Fäden ausgefüllt ist. Auf den eigenartigen Entwicklungsprocess der Rhizomorphe gehe ich hier nicht ein, sondern verweise auf Seite 110.

Von den Rhizomorphen zweigen sich zahlreiche Stränge seitlich ab, um nach der Oberfläche der Wurzel hin zu wachsen. Dort durchbrechen sie die Korkhaut und bilden aufs neue ein fädiges, später zu Rhizoctonien sich vereinigendes Mycel, das sich im Erdboden verbreitet, oder sie wachsen als kurze, sich sofort strauchartig verästelnde Rhizomorphen hervor, die aber nur sehr kurz bleiben und in der Regel in Büschel keuliger Zellen mit eigenartigen Haarauswüchsen der Zellwand endigen.

Diese Rhizomorphen scheinen keine Bedeutung für die Ausbreitung des Parasiten im Boden zu haben.

In der Regel enden jene Seitenäste der Rhizomorphen nach Durchbrechung der Korkhaut in Form sclerotienartiger, sich unter dem Einflusse der Luft dunkelfärbender Höcker, auf denen die conidientragenden Fruchtträger des Parasiten sich bilden.

Dieselben erscheinen als 1—3 mm lange schwarzbraune Borsten, bestehend aus zahlreichen unter einander verschlungenen Hyphen, von denen eine jede an der Spitze sich zu einer Rispe verästelt, welche an den letzten Verzweigungen die kleinen, farblosen, elliptischen, einzelligen Conidien seitlich an vorspringenden Höckern trägt, ähnlich wie die Aehrchen eines Grases in der Spindelfurche einer Grasspindel entspringen. Die Fruchtträger entspringen auch aus dem fädigen Mycel und aus den Rhizoctonien, sowie aus der Rinde von stark mit Pilz durchwucherten Pflanzentheilen. Die Conidien keimen nur sehr selten.

Perithecienbildung ist noch nicht beobachtet und ist möglicherweise verloren gegangen.

Es ist experimentell erwiesen, dass das Mycel nicht zu dem als Roesleria hypogaea beschriebenen, an faulenden Weinwurzeln öfters beobachteten Saprophyten gehört.

Als Vorbeugungsmittel gegen die Verbreitung der Krankheit ist allgemeine Kenntniss der Krankheitsmerkmale bei den Winzern anzurathen, damit bei Neuanlagen keine erkrankte Stöcke angepflanzt werden.

Als Vertilgungsmassregel ist Rodung nicht nur der todten, sondern auch der erkrankten Stöcke und Verbrennen an Ort und Stelle zu empfehlen. Es ist ferner ein ca. 1 m breiter Streifen um das erkrankte Terrain von Weinstöcken zu befreien, die provisorisch an einen anderen Ort zu verpflanzen sind, nach vorgängiger Prüfung der Wurzeln und Abschneiden der etwa schon befallenen Wurzeltheile. Das von allen Pflanzen zu säubernde Terrain ist dann 2—3 Jahre lang unbenutzt liegen zu lassen, um so den Parasiten, der an den Wurzelresten im Boden noch einige Zeit vegetirt, auszuhungern. Nach drei Jahren kann das Terrain neu mit Weinstöcken bepflanzt werden.

Es ist in der Praxis zu prüfen, ob durch das Ziehen von Isolirgräben ausserhalb des von Wurzeln gereinigten Isolirstreifens noch eine grössere Sicherheit des Erfolges zu erzielen ist. Durch Anwendung chemischer Mittel ist kein Erfolg zu erwarten.

Erklärung der Figurentafeln.

Tafel VI.

Fig. 1. Der untere Theil einer jungen Bohnenpflanze, welcher durch das Mycel der Dematophora necatrix umschlossen und inficirt worden ist, so dass die gebräunten Gewebstheile deutlich erkennbar sind.

Fig. 2. Eine Infectionsstelle aus den noch grün erscheinenden aber vom Mycel bekleideten Stengel derselben Pflanze. Ein Mycelfaden *a* hat eine Seitenhyphe in das Gewebe eingebohrt, deren Spitze bei *b* sichtbar ist. Die Wandungen der Epidermis- und Rindenzellen im Bereiche des eingedrungenen Pilzfadens sind gebräunt und das Protoplasma hat sich von der Wand losgelöst und zeigt sich braun gekörnelt in den getödteten Zellen.

Fig. 3. Ein stark (1000 mal) vergrösserter Theil des schon vor längerer Zeit inficirten Rindentheils derselben Pflanze. Die anfänglich intercellular wachsenden Hyphen *aa* haben Aeste in das Innere der Rindenzellen gesendet, welches völlig von einem pseudoparenchymatischen Pilzgewebe (*bb*) ausgefüllt ist, während von den Wandungen der Zellen nichts mehr zu erkennen ist. Nur die Cuticula der Epidermis *cc* mit den kleinen cuticularisirten keilförmigen Vorsprüngen in den Seitenwänden der Zellen sind intact geblieben.

Fig. 4. Ein Theil des Stengelquerschnittes der erkrankten Bohne von der Grenze des gesunden und getödteten Rindengewebes. Das grosszellige Rindenparenchym (*bb*) mit Intercellularräumen ist auf der linken Seite der Figur zusammengeschrumpft und mit Pilzmycel (cf. Fig. 3) erfüllt (*aa*). Krystalldrüsen (*d*) sind hier und da eingesprengt. Das lückenlose Parenchym der Innenrinde (*cc*) ist meist noch gesund und nur unterhalb *e* greift die Bräunung bis nahe an die Cambialregion des Gefässbündels vor.

Fig. 5. Ein erst seit 8 Tagen vom Pilzmycel ergriffener Wurzelstock einer jungen Bohne, an welchem deutlich zu erkennen ist, dass die offenen Spalten des Stengels, welche durch das Hervorbrechen der Adventivwurzeln entstanden sind, die Infection vermittelt haben.

Fig. 6. Ein Längsschnitt durch Korkhaut und Aussenrinde einer unverletzten Ahornwurzel, welche seit 4 Wochen von dem Mycelium des Parasiten *aa* überzogen war. Bei *b* hat sich dasselbe zwischen den todten Korkschichten kräftig entwickelt. Bei *c* ist dasselbe schon durch den gebräunten Korkmantel bis in das Rindenparenchym vorgedrungen, welches an der inficirten Stelle gebräunt ist.

Fig. 7. Ein ebensolches Präparat von derselben Wurzel, aber mit weit vorgeschrittener Infection. Der Korkmantel ist nicht allein durchbrochen und theilweise aufgelöst, sondern auch das darunter befindliche Rindenparenchym vom Pilzmyel durchwuchert und theilweise aufgelöst. Das kräftig entwickelte Mycel bildet einen nach aussen hervortretenden Knollen.

Fig. 8. Querschnitt durch einen Theil einer Weinwurzel nahe hinter der Rhizomorphenspitze. Der Holzkörper *aa* ist hier noch intact, wogegen das Rindengewebe *bb* bis nahe der Korkschicht *c* von den Fäden der Rhizomorphe *dd*, welche hier noch nicht in pseudoparenchymatische Rinde und Mark getrennt sind, theils aufgelöst, theils umschlossen ist.

Fig. 9. Querschnitt etwas entfernter von der Spitze desselben Rhizomorphenstranges. Der Holzkörper zeigt zumal in den Gefässen reichliches Mycelium. Bei *e* ist ein Ast des Rhizomorphenstranges in das Gewebe eines breiten Markstrahls vorgedrungen. Drei getrennte Rhizomorphenstränge *a*, *b*, *c* zeigen eine von Pseudoparenchym gebildete Rinde und eine von zarten Markfäden locker erfüllte Markhöhle. Ein vierter Strang *d* ist hier durchschnitten, dessen Spitze noch nicht bis zu dem in Fig. 8 dargestellten Querschnitte vorgedrungen war.

Fig. 10. Längsschnitt durch eine inficirte Weinwurzel mit Rhizomorphenspitze. Nur bei *a* wachsen die Fäden parallel der Längsachse, während hinter der Spitze bei *bb* die Hyphen schräg in das Gewebe eindringen. Bei *c* zweigt ein Ast nach aussen ab. Das Parenchym der Rinde, des Bastes und Cambiums ist gebräunt, und der braune Inhalt der Zellen ist nach Auflösung der Zellwände von dem Pilzmycel umschlossen.

Fig. 11. Die Spitze der Rhizomorphe Fig. 10 *a* stärker vergrössert. Einzelne Hyphen (*a*) eilen voraus und drängen sich zwischen die Zellen, deren Inhalt tödtend, die Zellwände auflösend. Die Hauptmasse der Hyphen (*b*) besteht ebenfalls aus nicht verwachsenen Fäden, die erst in einiger Entfernung von der Spitze Septirung zeigen.

Fig. 12. Schematische Darstellung der Verästelung eines Rhizomorphenfadens (cf. Text-Fig. 5). Der inneren Wandung der Rhizomorphenrinde entsprosst bei *a* eine feine Hyphe, welche bei *b* in die Wandung eintritt, in dieser mit den Nachbarhyphen zu Pseudoparenchym anschwillt und verwächst um bei *c* auf der Aussenseite des Stranges als freies fädiges Mycel *c*, *d* im Gewebe der Wirthspflanze sich zu verbreiten. Bei *e* entsprossen zwei zarte Hyphen in die Markhöhle und es wiederholt sich der Verlauf bis zur Spitze des Rhizomorphenstranges. Die bei *f* endenden Fäden sind noch nicht verdickt, sondern enden an der Spitze des Stranges um späterhin ebenfalls sich zu verdicken und Bestandtheile der Strangrinde zu werden. Bei *g* kommen bereits die jüngsten Aussprossungen zum Vorscheine, welche sich verlängernd der Spitze des Stranges zuwachsen.

Fig. 13. Querschnitt durch die Hyphen der Rhizomorphenspitze.

Fig. 14. Querschnitt durch die Rhizomorphe da, wo die Höhlung im Entstehen ist (Text-Fig. 5 bei *b*, Taf. VI, Fig. 12 bei *g*). Die dünn bleibenden Hyphen *a* veranlassen die Entstehung des Hohlraumes *c*, während die anschwellenden Hyphen *b* unter einander zum Rindenparenchym verwachsen. Vergr. $^{1000}/_{1}$.

Fig. 15. Querschnitt durch den innersten Theil der Rinde eines Rhizomorphenstranges. Das Pseudoparenchym *a* ist völlig ausgewachsen; den innersten Zellen entspringen zarte Hyphen (*b*).

Fig. 16. Auskeimender Rhizomorphenast *a*, der bei *b* von dem Hauptstrange *b c* nach aussen abzweigt. Nach Durchbrechung der Korkschicht entwickelt sich die Rhizomorphenspitze strahlenförmig zu einen weissen Büschel, dessen Mycelfäden zu kräftigem watteartigem Mycel resp. zu Rhizoctonien sich entwickeln.

Fig. 17. Eine längs durchschnittene Ahornwurzel, deren Abschnittsfläche *b* durch das von *a* hereingewachsene fädige Mycel inficirt worden ist. Der mit c bezeichnete Theil des Mycel ist völlig gesund geblieben, wogegen von *b* aus der Parasit in den Holzkörper und in die Rinde und zwar in letzterer als Rhizomorphe bis *d* vorgedrungen ist. $^{4}/_{1}$.

Tafel VII.

Fig. 18. Ein Rhizomorphenast (*a*) hat die Korkschicht *bb* durchbrochen und einen sclerotiumartigen Höcker gebildet, der an mehreren Stellen zu jugendlichen Fruchtträgern (*cc*) ausgekeimt ist. $^{50}/_{1}$.

Fig. 19. Grosse und kleine Sclerotien auf der Oberfläche einer inficirten Eichenwurzel, aus denen zahlreiche borstenförmige Fruchtträger hervorgewachsen sind. Aehnliche Fruchtträger sind auch aus der Peridermschicht direct hervorgewachsen. $^{5}/_{1}$.

Fig. 20. Mycelbildung, welche sich auf einem im Boden steckenden Fichtenbrettchen im Feuchtraum entwickelt hatte. Das von dem erkrankten Weinstock aus im und auf den Boden vegetirende watteartige Mycel hatte auch das Brettchen überzogen und auf diesem nicht nur die als Adern hervortretende Rhizoctonien *b*, sondern auch zahlreiche Fruchtträger theils auf den Rhizoctonien *c*, theils auf den häutigen Ausbreitungen *d* entwickelt. $^{1}/_{1}$.

Fig. 21. Die Spitze eines kleineren borstenförmigen Fruchtträgers. Der Fruchtträger besteht aus zahlreichen braunen, septirten, unter einander nicht verwachsenen Hyphen *a*, von denen sich einzelne schon in grösserer Entfernung von der gemeinsamen Spitze ablösen und rispenartig verästeln. Die letzten Verästelungen der Rispe sind farblos und haben die Gestalt einer Grasährenspindel. $^{420}/_{1}$.

Fig. 22. Ein Conidienträger stärker vergrössert. Die Conidien entstehen an der Spitze des wachsenden Trägers auf kurzen Fortsätzen. Nach Ausbildung einer Conidie wächst die Spitze etwas weiter, bildet eine neue Conidie, während die vorgebildete abfällt. $^{1000}/_{1}$.

Fig. 23. Keimende Conidie *a* einen Tag nach der Aussaat, *b* drei Tage nach der Aussaat. $^{420}/_{1}$.

Fig. 24. Fädiges Mycel aus dem watteartigen, später zu Rhizoctonien sich umgestaltenden Gewebe. Die jugendlichen, fortwachsenden Hyphen *a* theilen sich vorwiegend gabelförmig unter Verkümmerung der bisherigen Vegetationsspitze. Später finden auch seitliche Aussprossungen statt (*b*), die vorzugsweise zur Bildung der Rhizoctonienstränge beitragen. Nachträglich erfolgt noch ein Dickenwachsthum der Hyphen, verbunden mit Bräunung und Anschwellung vieler Fäden an der Spitze jedes Hyphengliedes (*c*). $^{220}/_{1}$.

Fig. 25. Eine Rhizomorphe, welche aus dem Inneren eines sehr erkrankten Weinstockes hervorgekommen und nach reichlicher Verästelung in der Entwicklung stehen geblieben ist. $^{5}/_{1}$ (cf. Text-Figur 7 *d*).

Fig. 26. Ein kuglicher Seitenast des vorigen, dessen pseudoparenchymatisches Gewebe (*a*) in einem dichten Büschel keulenförmiger Zellen (*b*) endet. $^{100}/_{1}$.

Fig. 27. Eine Gruppe der Endzellen stärker vergrössert. Die weniger hervortretenden Zellen sind nur am Kopfende mit einzelnen zahnförmigen Auswüchsen versehen (*a*), wogegen die meisten zahllose kleine stäbchenförmige Auswüchse *bb* zeigen, die theilweise mit einer Hülle von oxalsauren Kalk umgeben sind. Einzelne Zellen zeigen nahe dem Scheitel eine kahle Stelle, die oft blasig anschwillt (*cc*) und ausnahmsweise zu fädigem Mycel ausgewachsen ist (*d*). $^{730}/_{1}$.

Fig. 28. Eine reich verästelte Rhizomorphe, welche aus einem sehr kranken Weinstock hervorgewachsen ist. $^{2}/_{1}$ (cf. Text-Figur 7 *e*).

Fig. 29. Die Spitze eines Astes der vorigen Figur, aus gleichmässigem Parenchym gebildet. $^{100}/_{1}$.

Fig. 30. Querschnitt durch denselben (nicht ganz durchschnitten). $^{140}/_{1}$.

Fig. 31. Querschnitt durch den unterirdischen Theil eines erkrankten, aber noch nicht ganz getödteten Rebstockes. Der zwischen *aa* gelegene Theil besitzt noch gesundes Bastgewebe. $^{1}/_{1}$.

Fig. 32. Querschnitt durch gesundes Holz der Weinrebe. Das Gefäss *a* zeigt mehrere Füllzellen *b*. Die Parenchymzellen *c* und *d* sind ziemlich dünnwandig, während die Holzzellen *e* sehr dickwandig sind und deutliche Schichtung zeigen. $^{730}/_{1}$.

Fig. 33. Querschnitt durch eine ähnliche Stelle eines vom Pilz grossentheils schon zersetzten Weinstocks. Das Gefäss *a* ist mit zahlreichen Pilzhyphendurchschnitten erfüllt und zeigt einen gallertartigen Inhalt. Die Parenchymzellen *c*, *d* zeigen einen braunen Inhalt, ihre Zellwand ist bis auf den primären Theil derselben (die sogenannte Mittellamelle) aufgelöst. Die Holzzellen zeigen verschiedene Stadien der Auflösung der secundären Wandung, während nur die primäre Wandung noch verholzt ist. Bei *e* ist die secundäre Wand noch deutlich zu erkennen, aber sehr durchsichtig. Bei *ff* ist die innerste Lamelle der Wand (tertiäre Schicht) noch in ihrer Lagerung fast unverändert, während von der secundären Wand nur noch stellenweise eine Spur erkennbar wird durch die zarte Schichtung. In den übrigen Zellen *g* ist nur die innerste Wandungslamelle noch erkennbar und hat sich (vielleicht erst bei Herstellung des Präparates) oft der einen Wand des Organs angelegt oder liegt auch in der Mitte der Zelle. Meist umschliesst dieselbe die im Lumen des Organs gewachsenen Pilzhyphen *g*. Zuweilen aber liegen auch Pilzhyphen ausserhalb desselben (*h*). In letzterem Falle kann die Pilzhyphe erst nach Auflösung der Wandung dort gewachsen sein. $^{730}/_{1}$.

Fig. 34. Längsschnitt durch das erkrankte Holz des Weinstockes. In dem Gefässe *a* wachsen zahlreiche Pilzhyphen, die entweder auf grössere Strecken unter einander verschmolzen (*b*) oder nur hier und da durch jochartige Verbindungen unter einander verwachsen sind (*cc*). Das Parenchym (*d*) zeigt gebräunten, amorphen Inhalt und hier und da Pilzhyphen (*e*), während die gefächerte Holzfaser (*f*) bereits bis auf die primäre Wandung aufgelöst ist. In dieser letzteren erkennt man noch die in der Mitte etwas verdickten Schliesshäute der Tipfel (g). $^{420}/_{1}$.

Fig. 35. Einige Zellen des Rindenparenchyms aus der Wurzel eines erkrankten Weinstockes. Das Mycel (*a*) vegetirt theils intercellular, theils die Zellwände durchbohrend intracellular, tödtet und bräunt den Inhalt, verschont aber die Stärkemehlkörner sehr lange Zeit. $^{420}/_{1}$.

Fig. 36. In der unteren Hälfte entrindete Wurzel eines Ahorns, welche von der Schnittfläche (*a*) aus durch das watteartige Mycel inficirt worden ist. Dasselbe hat sich in Form breiter bandartiger Rhizomorphen bis *b* hin entwickelt, während die vom Pilz noch nicht erreichten Theile des Holzes und der entfernten Rinde völlig frisch und gesund waren. Aus der Rinde der oberen Hälfte bei *c*, sowie am Rande der Wundfläche sind die Rhizomorphen als schwarze Sclerotien hervorgebrochen.

Fig. 37. Ein Längschnitt durch obige Rhizomorphe, die zwischen den Holzkörper *a* und der Hartbastzone *b* sich eingedrängt hat und letztere nach aussen drängt, wodurch ein Leerraum *c* entsteht. Die Spitze des Stranges oberhalb *c* ist wie abgestutzt und besteht aus nicht verwachsenen Hyphen, von denen einzelne (*d*) durch das Messer aus ihrer natürlichen Lage gebracht sind. Bei *e* entsteht ein Hohlraum, der nur wenige dünne Fäden zeigt. Der oberhalb *g* gelegene Theil ist in Fig. 38 stärker vergrössert. $^{50}/_{1}$.

Fig. 38. Ein Theil der Fig. 37 stärker vergrössert. Die Bastfaserschicht *b* hat das Eindringen des Pilzmycels verhindert und nur da, wo ein Markstrahl (*a*) diese Zone durchbricht, sind die äusseren Hyphen (*cc*) des Rhizomorphenstranges seitlich abgebogen. Eine Hyphe (*dd*) war zur Zeit als die Strangspitze den Markstrahl passirte, ausnahmsweise aus dem Centrum der Rhizomorphenspitze in den Markstrahl eingebogen und wurde von den anderen, in der bisherigen Richtung weiterwachsenden Hyphen umschlossen. Diese zeigen nur undeutlich einen von der Markhöhle *f* nach aussen verlaufende Richtung, und gabeln sich hier und da (*ee*). Da, wo dieselben in der Markhöhle endigen, verdünnen sie sich plötzlich zu feinen Fäden. Den Wandungen entsprossen zarte, sich zuweilen verästelnde Markhyphen. $^{220}/_{1}$.

Fig. 39. Querschnitt durch die inficirte Ahornwurzel etwa aus der Region der Fig. 36, wo der berindete und entrindete Theil an einander stossen. Der Holzkörper (*a*) und die innerste Bastfasernschicht (*b*) ist durch einen Markstrahl (*cc*) durchsetzt, durch welchen die Rhizomorphe (*dd*) mit ihrer Markhöhle (*e*) fast allein seitlich Mycelfäden zu verbreiten im Stande war. In den Organen des Holzes sieht man die Durchschnitte der Mycelfäden, die von aussen oder von den Markstrahlen aus in sie eingedrungen sind. $^{140}/_{1}$.

München, 10. November 1882.

Das Zersprengen der Hainbuchenrinde nach plötzlicher Zuwachssteigerung.

Von Dr. Robert Hartig.

Im ersten Bande dieser „Untersuchungen" habe ich über das Zersprengen der Eichenrinde nach plötzlicher Zuwachssteigerung berichtet, wie solches von mir in einem ca. 100jährigen Eichenbestande bei Eberswalde beobachtet worden war. In Folge Zusammentreffens mehrerer Umstände hatte der Zuwachs plötzlich das Doppelte bis Vierfache der Vorjahre erreicht und zahlreiche Längsrisse, die bis hoch in die Baumkrone hinein auftraten, waren die Folge der gewaltsam eingetretenen Sprengung der Borke gewesen.

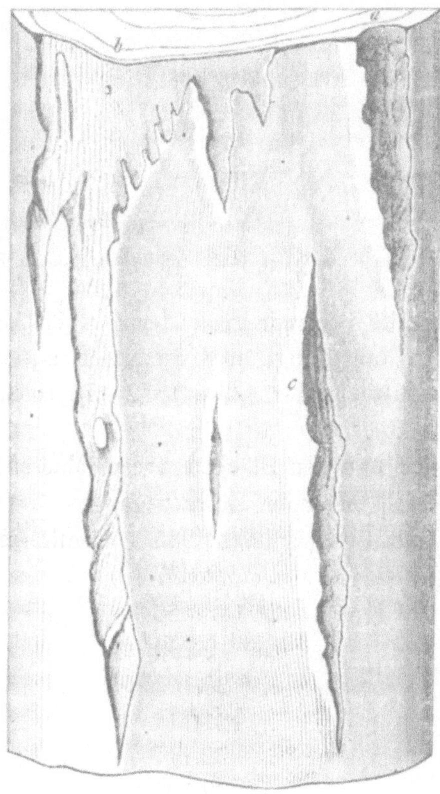

Fig. 11.
Ein Stück Hainbuche mit aufgeplatzter Rinde.
a Rindenriss bis auf das Cambium. *b* Ueberwallter Rindenriss, bei dem der Holzkörper blossgelegt war. *c* Rindenriss, der nur im oberen Theile bis zur Blosslegung des Holzkörpers geführt hatte. $^1/_2$ nat. Gr.

Es gehört diese Erscheinung immerhin zu den Seltenheiten und somit erlaube ich mir, über einen zweiten Fall zu berichten, den ich kürzlich in einem von wenigen Eichen und zahlreichen Hainbuchen durchsprengten ca. 100jährigen Rothbuchenbestande der Oberförsterei Starnberg bei München zu beobachten Gelegenheit hatte. Der fragliche Bestand war im Winter 1871 bis 1872 zuerst angehauen und dann in den Folgejahren weiter gelichtet worden. Die eingesprengten Eichen und Hainbuchen waren zuvor in

Folge geringen Höhenwuchses stark unterdrückt und nunmehr durch Freistellung zu einer kräftigen Kronenentwicklung und bedeutenden Dickenwuchssteigerung angeregt.

Die wenigen Eichen zeigen dieselbe Erscheinung, wie die früher beschriebene; auch die zahlreichen Hainbuchen liessen schon auf weite Entfernung vom Fusse des Stammes bis zur Mitte der Baumkrone hinauf zahllose tiefe Längsrisse erkennen, wie ich solche in Fig. 11 in halber Grösse dargestellt habe.

Ich liess einen Baum fällen und die Untersuchung ergab die Zuwachssteigerung, wie sie in Fig. 12 ebenfalls in halber Grösse dargestellt ist. Vor

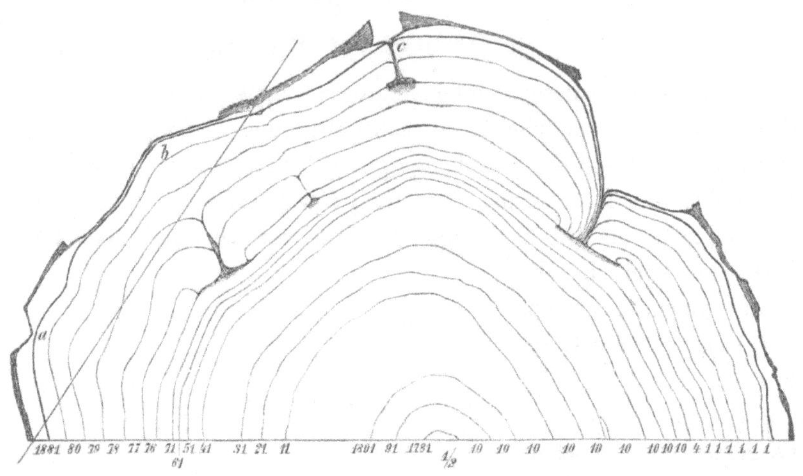

Fig. 12.
Querschnitt des Hainbuchenstammes in Fig. 11. 1/2 nat. Gr.

dem Anhiebe des Bestandes war der Zuwachs so äusserst gering gewesen, dass ich immer 10 Jahresringe in Grenzlinien zusammenfassen musste. Ich habe sodann den Zuwachs der Jahre 1872--75 (incl.) und darauf immer ein Jahr markirt.

Indem ich nun den Flächen- (resp. Massen)zuwachs auf Brusthöhe berechnete, bekam ich folgenden Zuwachsgang:

1861—1871	pro	anno	1.235	□Centimeter	Zuwachs	in	Brusthöhe.
1872—1875	"	"	4.337	"	"	"	"
1876	"	"	13.666	"	"	"	"
1877	"	"	19.100	"	"	"	"
1878	"	"	20.107	"	"	"	"
1879	"	"	21.111	"	"	"	"
1880	"	"	22.117	"	"	"	"
1881	"	"	23.122	"	"	"	"

Die Figur 12 zeigt nun, dass zu Beginn des Jahres 1876 an mehreren Stellen die Rinde bis auf den Holzkörper aufgeplatzt war und sich zu beiden Seiten des Risses von dem Holzkörper ein wenig abgelöst hatte, so dass eine offene Holzwunde entstand, die aber nach wenigen Jahren durch Ueberwallung sich wieder geschlossen hatte. An einer Stelle war der Riss bis auf das Holz erst im Frühjahre 1880 entstanden, es ist der mit *c* bezeichnete Riss, den ich in der Fig. 11 bei *c* in der Längsansicht dargestellt habe.

Bekanntlich erhält sich die Rinde der Hainbuche unter normalen Verhältnissen bis zu hohem Alter des Baumes völlig glatt, indem das Rindenparenchym sich durch eine beschränkte Zelltheilungsthätigkeit dem Dickenwuchse des Baumes entsprechend vergrössert, während das Periderm in Form einer $^1/_2$ mm dicken glatten Korkhaut den Stamm bekleidet, nach aussen die älteren Korkzellen, deren Ausdehnungsfähigkeit überschritten ist, abstösst, während von innen durch das Phellogen eine Regeneration der Korkhaut stattfindet.

Es ist selbstverständlich, dass zumal der Korkmantel in einem sehr gespannten Zustande sich befindet, welcher Spannungszustand bedeutend erhöht werden muss, wenn plötzlich die Dickenzunahme des Stammes ungewöhnlich gesteigert wird. Darf auch im Allgemeinen angenommen werden, dass bei lebhafterer Nährstoffzufuhr zum Cambium des Baumes auch das Korkcambium besser ernährt werde, so hat das doch zunächst keinen Einfluss auf die a b g e s t o r b e n e Korkhaut, oder bei der Eiche auf die Ausdehnung der abgestorbenen Borke.

Wird diese plötzlich durch solche aussergewöhnliche Zuwachssteigerung, wie wir sie oben nachgewiesen haben, über die Grenzen der Elasticität hinaus erweitert, so reisst sie der Länge nach auf. In der Regel wird der Längsriss nur bis auf das Cambium reichen, wie in Fig. 13 *a*, denn im Cambium ist ja keine Spannung vorhanden. Die Verkürzung der äusseren Kork- und Rindenschichten nach Ueberwindung des Spannungszustandes, d. h. das Aufreissen hat die Entstehung eines solchen von innen nach aussen sich erweiternden Risses der Rinde zur Folge, wie er Fig. 11, 12, 13 bei *a* dargestellt ist.

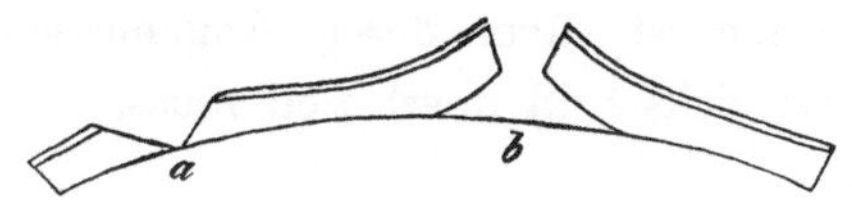

Fig. 13.
Schematische Darstellung der Verschiedenheiten beim Aufplatzen der Rinde nach plötzlicher Zuwachssteigerung.

In extremen Fällen geht aber die Verkürzung des äusseren abgestorbenen Korkmantels so weit, dass dann, wenn die Rinde sich überhaupt leicht von dem Holze loslöst, wie z. B. im ersten Frühjahre, die plötzliche Verkürzung der äusseren, elastisch gespannten Korkschichten nach dem Aufreissen eine Abtrennung der Rinde zu beiden Seiten von dem Holzkörper herbeiführt, wie das Fig. 13 *b* dargestellt ist.

Es tritt hier gleichsam eine ähnliche Krümmung des Rindenkörpers ein, wie bei jedem einseitig trocknenden Brette.

Der abgelöste Rindentheil vertrocknet nachträglich, wie in Fig. 12 oberhalb *b* zu sehen ist, oft bildet sich aber auch auf der Innenseite der Rinde und auf der Oberfläche des Holzes die Reproductionserscheinung der „Vernarbung“ oder „Bekleidung“, wofür der in Band I von mir dargestellte Fall ein so schönes Beispiel giebt. Gerade diese Reproductionserscheinung beweist aber auch aufs Schlagendste, dass die Verwundung nicht Folge ist einer äusserlichen Quetschung, wie der Recensent einer forstlichen Zeitschrift*) behauptet hat. Nach Quetschwunden stirbt das Cambium ab, und die Rinde beeinträchtigt lange Zeit den Ueberwallungsprocess, wie ich in meinem Lehrbuch**) gezeigt habe. Es sei noch darauf hingewiesen, dass die in Frage stehende Beschädigungsart durch plötzliche Temperaturveränderungen recht wohl beeinflusst werden kann. Man denke sich nur, dass der Holzkörper noch relativ warm ist und durch plötzlich eintretende kalte Witterung die Verkürzung der äussersten Rindenlagen, die bereits im höchsten Spannungszustande sich befinden, noch befördert wird, so kann eine solche Temperaturdifferenz sehr wohl das Aufplatzen der Rinde beschleunigen oder verstärken.

Es ist nicht meine Gewohnheit, auf Ansichten, welche dieser oder jener Laie über pflanzenpathologische Dinge gelegentlich in der forstlichen Litteratur äussert, zu antworten. Meine Zeit ist zu sehr durch wissenschaftliche Thätigkeit in Anspruch genommen. Was die in Frage stehende Erscheinung betrifft, so habe ich aber diese kleine Mittheilung wesentlich im Hinblick auf eine irrige Anschauung aufgenommen, die ein mir wohlbekannter tüchtiger Förster, der städtische Revierförster Kühne zu Eberswalde über dieselbe Erscheinung sich gebildet hat, und die von einem jungen Forstmann Kienitz***) dem forstlichen Publicum in der Dankelmann'schen Zeitschrift in einer Form dargeboten worden ist, über deren Angemessenheit ich das Urtheil dem Leserpublicum jener Zeitschrift überlassen muss.

---

*) Dankelmanns Zeitschrift für das Forst- und Jagdwesen.

**) Lehrbuch der Baumkrankheiten, Seite 134 und 149.

***) Nicht zu verwechseln mit dem bekannten Botaniker Kienitz Gerloff.

Erkrankung älterer Weymouthskiefernbestände.

Von **Dr. Robert Hartig.**

Bei dem lebhaften Interesse, welches die Forstwirthe in den letzten Jahren wiederum dem Anbau fremdländischer Holzarten in Deutschland zugewendet haben, hat es nicht an begeisterten Empfehlungen der Fremdlinge gemangelt, ja man hat in Aussicht gestellt, dass letztere unsere einheimischen Waldbäume in Qualität und Quantität der Holzproduction, sowie nach anderen Richtungen hin erheblich übertreffen würden.

Wie ich schon bei anderer Gelegenheit hervorgehoben habe, freue ich mich des gesteigerten Interesses für diese Frage und will hoffen, dass nicht allzugrosse Fehler und Missgriffe in der Behandlung der Angelegenheit die theilweise berechtigten Erwartungen täuschen werden.

Sollen erhebliche Verluste an Geld und Arbeitskraft vermieden werden, dann erscheint eine ruhige, allseitige Erwägung der Vortheile und Nachtheile, die bei dem ausgedehnteren Anbau einer fremden Holzart zu erwarten sind, wohl angezeigt. Vielleicht ist es den Vertretern des forstlichen Versuchswesens in Deutschland, welche, wie ich aus deren Vereinsverhandlungen ersehen habe, ihr besonderes Augenmerk auch auf die schon seit vielen Jahrzehnten in Deutschland angebaute Pinus Strobus gelenkt haben, von Interesse, wenn auch von Seiten eines Botanikers ein kleiner Beitrag zu dieser Frage dargeboten wird.

Die Weymouthskiefer ist bekanntlich durch eine bis zum 30. Lebensjahre und länger bis unten glatt bleibende, dünne Rinde ausgezeichnet, die nur von einer relativ dünnen Korkhaut bekleidet wird. Erst mit dem bezeichneten Lebensalter beginnt im unteren Baumtheile die Borkebildung, indem das bis dahin fleischige, chlorophyllhaltige äussere Rindengewebe schuppenweise unter gleichzeitiger innerer Korkbildung abstirbt und vertrocknet. Der geringe Schutz des lebenden Rindengewebes einerseits gegen Verdunstung, andererseits gegen äussere Feinde setzt diese Holzart einer Reihe von Gefahren aus, auf die ich mir erlauben wollte, aufmerksam zu machen.

Die jetzt allgemein verbreitete Wolllaus, Chermes Strobi, documentirt durch ihr massenhaftes Auftreten auf der lebenden Rinde der Weymouthskiefer die Zartheit und den ungenügenden Schutz, welchen die Korkhaut dieses

Baumes dem darunter befindlichen lebenden Rindengewebe bietet; doch erwähne ich dies nur nebenbei, da es nicht meine Absicht ist, auf die Feinde dieser Holzart unter den Thieren hinzuweisen. Ich überlasse dies den Entomologen. Dagegen scheint es mir nothwendig zu sein, auf die Feinde aus dem Pflanzenreiche aufmerksam zu machen.

Zunächst giebt es keine Kiefernart, welche in gleichem Maasse durch den Kiefernblasenrost Coleosporium Senecionis in seiner Aecidienform als Peridermium Pini corticola heimgesucht wird, als Pinus Strobus. Aus eigenen Beobachtungen, sowie nach zahlreichen Mittheilungen aus vielen Gegenden Nord- und Süddeutschlands, Russlands u. s. w. kann ich dies bezeugen.

Keine Holzart leidet ferner in gleichem Maasse unter den Angriffen des Agaricus melleus, dessen unterirdische Rhizomorphen offenbar mit grosser Leichtigkeit in die dünne Rinde der Wurzeln einzudringen vermögen.

Endlich unterliegt die Weymouthskiefer auch der Trametes radiciperda in ganz bevorzugter Weise und dringt das zerstörende Mycel in den Holzkörper hoch hinauf, während es in der harzreicheren Pinus silvestris nur bis in den Wurzelstock emporwächst.

Neben diesen Infectionskrankheiten leidet Pinus Strobus in hervorragendem Maasse unter Lufttrockniss. Es ist das der Grund, wesshalb sie im Münchener Klima absolut nicht gedeiht. In strengen Wintern mit anhaltend klarem Wetter vertrocknen die Nadeln oft bis nahe an die Basis herab. Ihr heimischer Standort ist bekanntlich vorwiegend sumpfiges Terrain, was bei der Anspruchslosigkeit der Holzart bezüglich des Bodens wohl mehr der daselbst herrschenden Luftfeuchtigkeit zuzuschreiben ist, als gerade einer Vorliebe für nassen Boden. Die zarte, leicht verdunstende Rinde dieses Baumes verträgt dem Anscheine nach trockene Luft und trockenen Boden nur so lange, als dichter Schluss und Beschattung diese schädliche Factoren abmindert.

Tritt auf sehr trockenem Boden ein anhaltend trockenes, heisses Wetter ein, dann vertrocknet die Rinde wenigstens auf der Süd- und Westseite in Folge allzu gesteigerter Verdunstung, und hoffnungsvolle Bestände von höherem Alter können stark geschädigt werden, vielleicht zu Grunde gehen.

Hierfür giebt das Auftreten einer eigenartigen Krankheit in 35—40jährigen Beständen des Wendhäusener Reviers bei Braunschweig einen interessanten Beleg.

Einer meiner früheren Zuhörer, Forstassistent R. Schreiber in Braunschweig, übersandte mir Abschnitte von Stämmen und deren Wurzeln zur Untersuchung und fügte nachfolgende wörtlich wiedergegebene Standorts- und Bestandesbeschreibung bei.

Standorts- und Bestandesbeschreibung für den Weymouthskiefernbestand im Forstorte Gr. Steinriede, des Reviers Wendhausen bei Braunschweig.

„Der Boden, auf welchem der bezeichnete Bestand stockt, gehört dem Diluvium an und besteht im Untergrunde aus gelbem, mit etwas Ortstein durchsetzten Sande; über demselben liegt eine 40—45 cm starke, stark mit Moorerde gemischte Sandschicht und über dieser eine 10—15 cm starke jetzt trockene Moorschicht. Die Lage ist fast eben mit schwacher Neigung nach Süden. Der nach Westen, Norden und Osten geschützte Bestand grenzt im Süden an eine bisher als Weidensohl benutzte Bruchpartie.

Der in seinem südlichen Theile mit etwa 4—5 % gem. Kiefern gemischte Weymouthskiefernbestand ist jetzt 35—40jährig und aus Pflanzung in 5 Fuss = 1,43 m Entfernung entstanden; eine hier belegene Versuchsfläche ergab im Jahre 1880 pro ha eine Stammzahl von 1612, und bei durchschnittlicher Stärke von 19,0 cm und durchschnittlicher Höhe von 15,6 m eine Gesammtmasse (oberirdisch) incl. Reisig von 440 fm.

Eine durch Absterben der Rinde an den unteren Stammtheilen sich bemerkbar machende Erkrankung der Weymouthskiefern zeigt sich in allen derartigen Beständen des Wendhäuser Reviers, doch ist sie am stärksten in dem oben beschriebenen Bestande, und zwar in dem südlichen Theile desselben, mit Ausnahme jedoch des äussersten Bestandesrandes, aufgetreten; von 415 genau untersuchten Stämmen wurden hier 71, mithin etwa 17 % krank befunden.

Was die äussere Erscheinung der Krankheit betrifft, so zeigen sich an den Stämmen trockene Stellen, welche ihre grösste Ausdehnung in 1—2 m Höhe vom Boden haben, und sowohl nach unten, als auch nach oben, hier etwa bei 5—6 m vom Boden, allmälig verschwinden; oft sind diese Stellen nur wenige Centimeter breit, häufig aber ist die Rinde fast rings um den Stamm bis auf einen schmalen, nur fingerbreiten Streifen abgestorben. In der Regel befinden sich die trockenen Stellen an den Süd- und Westseiten der Stämme. Aeussere Beschädigungen sind an den Stämmen nicht wahrnehmbar, die Rinde ist meistens unverletzt; das abgestorbene Holz ist oft schon bis in den Kern von Larvengängen durchzogen, doch scheinen die Beschädigungen nicht durch Insecten veranlasst zu sein, denn an manchen Stämmen hat sich die abgestorbene Rinde von den unterliegenden Holzschichten nicht abgelöst und ist ohne Larvengänge. Harzausfluss ist nur an vereinzelten kranken Stämmen vorhanden.

Die Krankheit scheint bei den meisten Stämmen vor etwa 5 Jahren entstanden zu sein, denn bei einer grossen Anzahl untersuchter Stämme hatten sich seit Eintritt der Beschädigung 5 Jahrringe an dem gesunden Stammtheile gebildet.“ Braunschweig December 1881.

Die Untersuchung der zugesandten Stücke bestätigte die zuletzt mitgetheilte Beobachtung, indem nämlich an allen abgestorbenen Theilen der Jahresring 1876 noch ausgebildet, wenn auch etwas geringer ausgefallen war, wie die Ringe der vorangegangenen Jahre.

An der im Jahre 1876 nicht abgestorbenen Seite der Bäume war der Zuwachs der Folgejahre 1877—81 normal und nur an einzelnen Stücken war dieser Zuwachs auf ein Minimum geschwunden. In diesen Fällen war aber die Rinde von aussen bis nahe auf das Cambium vertrocknet und nur eine sehr dünne Weichbastschicht war im Anschluss an den Holzkörper lebend geblieben.

Die Erklärung dieser Krankheit scheint mir sehr einfach zu sein. Der Sommer 1876 war bekanntlich ein ausserordentlich trockener und heisser, so dass unermesslicher Schaden auch in älteren Forstculturen durch Vertrocknen bereits frohwüchsiger Anpflanzungen entstand. Aus eigener Anschauung kann ich ferner constatiren, dass in den Vorbergen des Harzes schon gegen Ende August ältere Buchenbestände nahezu entblättert waren.

Diese abnorme Trockenheit des Bodens und der Luft musste unter den oben beschriebenen Bodenverhältnissen einen Wassermangel des Holzkörpers der Weymouthskiefern herbeiführen, welcher zu bedeutenden Luftverdünnungen der Binnenluft führte und veranlasste, dass eine ausgiebige Wasserabgabe des Holzkörpers an die umschliessende Rinde nicht mehr stattfand. Soweit als die Rinde durch die Krone der Bäume gegen den austrocknenden Einfluss der Südwinde geschützt wurde, sowie auf der Nord- und Ostseite der Bäume konnte sich dieselbe dennoch am Leben erhalten. Die dem trockenen, die Verdunstung fördernden Südwinde exponirten unteren Baumtheile dagegen verloren aus der wenig geschützten Rinde mehr Wasser, als ihnen aus dem Holze wieder zugeführt wurde, so dass diese vertrocknete. Das Vertrocknen erfolgte wahrscheinlich erst im August, nachdem die Wirkung des trockenheissen Sommers ihr Maximum erreicht hatte, so dass der in den Monaten Mai, Juni bis Juli sich ausbildende Jahresring noch nahezu fertig werden konnte. Das Vertrocknen der Rinde war dem Anscheine nach von aussen nach innen vorgerückt, denn da, wo nur die innerste Region des Bastes mit dem Cambium sich noch am Leben erhalten und einen, wenn auch minimalen Zuwachs seitdem zu Stande gebracht hat, hat offenbar die äussere todte Rinde durch das Aufhören der Ausdehnungsfähigkeit eben jede ausgiebigere cambiale Thätigkeit unmöglich gemacht.

Auch die oben mitgetheilte Beobachtung, dass die Randbäume des Bestandes von der Krankheit verschont geblieben sind, spricht für die versuchte Erklärungsweise; denn bekanntlich adaptirt sich die Rinde der von Jugend auf dem Luftzuge und der Insolation exponirten frei erwachsenen oder am

Bestandesrande stehenden dünnrindigen Bäume diesen Verhältnissen und wird gegen die Wirkungen der Hitze und Trockniss weit widerstandsfähiger, als die gleichartigen im dichten Schlusse erwachsenen Bäume. Die Erscheinungen des Rindenbrandes bezeugen das am besten.

Aus dem Gesagten dürfte wohl die Mahnung zu ziehen sein, dass beim Anbau fremder Holzarten stets die Eventualität im Auge behalten werde, dass unvorhergesehene Misserfolge keine allzugrossen Verluste nach sich ziehen, was am besten geschieht, indem wir die Fremdlinge zunächst nur einzeln oder gruppenweise in unsere Waldbestände einsprengen. Es dürfte aber ferner aus dem Auftreten der vorbeschriebenen Krankheit hervorgehen, dass wir die natürlichen Standortsverhältnisse, unter denen eine Holzart in ihrer Heimath vorkommt, beim Anbau in Deutschland nicht unberücksichtigt lassen dürfen, wie das in auffallendster Weise gerade bei der Weymouthskiefer geschehen ist.

Mittheilung über Coleosporium Senecionis, den Erzeuger des Kienzopfes.

Von **Dr. Robert Hartig.**

Am Schlusse der Beschreibung des Coleosporium Senecionis und der durch diesen Parasiten veranlassten Erkrankungsformen der Kiefer hatte ich in meinem Lehrbuche der Baumkrankheiten Seite 66 bemerkt, dass es mir selbst noch nicht geglückt sei, die Infection durch Sporen der Aecidienform (Peridermium Pini) auf Seneciopflanzen auszuführen und dass noch festzustellen sei, ob die beiden Formen, die auf Kiefernnadeln (acicola) und die in der Rinde der Kiefer wohnende (corticola) specifisch verschieden sind oder nicht.

Im verflossenen Sommer ist mir nun die Infection junger Pflanzen von Senecio vulgaris durch die Aecidiensporen der Form Peridermium Pini acicola aufs beste geglückt, so dass ich in der Lage bin, die mitgetheilte Entdeckung des Zusammenhanges des Kiefernblasenrostes mit dem Kreuzkrautparasiten durch R. Wolff in Riga ebenfalls voll zu bestätigen.

R. Wolff hatte ferner die Güte, mir kürzlich einen Separatabdruck aus den „Landwirthschaftlichen Jahrbüchern VI. Jahrgang 1877“ zuzusenden, in welchem unter dem Titel „Beitrag zur Kenntniss der Schmarotzerpilze“ ein sehr beachtenswerther Beitrag zur Kenntniss des in Rede stehenden Parasiten geliefert wird. Es sei hier in der Kürze nur hervorgehoben, dass es Wolff gelungen ist, sowohl mit Sporen der Form acicola als auch corticola Kreuzkrautpflanzen zu inficiren und das Coleosporium Senecionis zu erzeugen, womit die noch zweifelhafte Frage, ob jene beiden Formen derselben Species angehören oder nicht, zu Gunsten der ersteren Annahme entschieden ist.

Wolff hat ferner nachgewiesen, dass die auf dem Kreuzkraut lebende Form des Pilzes an überwinternden Exemplaren der Senecio vulgaris und vernalis von einem Jahre zum anderen übertragen werden kann, ohne dass es nothwendig wäre, dass ein Wechsel der Wirthspflanze eintritt. Es ist also das Auftreten und die Verbreitung des Kreuzkrautparasiten durch die Uredo- und Teleutosporenform auch in Gegenden möglich, wo gar keine Kiefern vorkommen.

Die auf den Kiefern so verderblich werdende Aecidienform ist kein unbedingt nothwendiges Glied im Entwicklungsverlaufe des Parasiten.

R. Wolff bespricht in dem vorgeführten Artikel eingehend die Nothwendigkeit eines allgemeinen Vertilgungskrieges gegen die von Osten nach Westen in Deutschland vorrückende Senecio vernalis und überhaupt alle Seneciopflanzen nicht allein wegen der von ihnen ausgehenden Beschädigungen der Kiefernforste, sondern auch wegen der grossen Nachtheile, welche die Senecio vernalis der landwirthschaftlichen Cultur zufügt.

Additional material from *Untersuchungen aus dem forstbotanischen Institut zu München,* ISBN 978-3-662-35471-1,
is available at http://extras.springer.com